U0675787

国家出版基金项目
NATIONAL PUBLICATION FOUNDATION

王淦昌 主编　　袁之尚 张美媛 著

物质微观世界探秘

——著名科学家谈核科学

C1S
PUBLISHING & MEDIA
中南出版传媒

湖南少年儿童出版社
HUNAN JUVENILE & CHILDREN'S PUBLISHING HOUSE

图书在版编目（CIP）数据

物质微观世界探秘：著名科学家谈核科学 / 王淦昌主编；袁之尚，张美媛著. —长沙：湖南少年儿童出版社，2019.12（2021.12重印）

（大科学家讲科学）

ISBN 978-7-5562-3636-7

Ⅰ.①物… Ⅱ.①王… ②袁…③张… Ⅲ.①核技术–少儿读物 Ⅳ.①TL-49

中国版本图书馆CIP数据核字(2019)第001447号

大科学家讲科学·物质微观世界探秘

DAKEXUEJIA JIANG KEXUE · WUZHI WEIGUAN SHIJIE TANMI

特约策划： 罗紫初　方　卿

总 策 划： 周　霞

策划编辑： 万　伦

责任编辑： 万　伦

封面设计： 司马楚云　风格八号

版式排版： 百愚文化　张　怡　邹佳华

质量总监： 阳　梅

出 版 人： 胡　坚

出版发行： 湖南少年儿童出版社

地　　址： 湖南省长沙市晚报大道89号　　**邮　编：** 410016

电　　话： 0731-82196340 82196334（销售部）
　　　　　　0731-82196313（总编室）

传　　真： 0731-82199308（销售部）
　　　　　　0731-82196330（综合管理部）

经　　销： 新华书店

常年法律顾问： 湖南云桥律师事务所　张晓军律师

印　　刷： 长沙新湘诚印刷有限公司

开　　本： 710 mm×1000 mm　1/16

印　　张： 9

版　　次： 2019年12月第1版

印　　次： 2021年12月第5次印刷

书　　号： ISBN 978-7-5562-3636-7

定　　价： 26.00 元

目录

（一）构筑物质世界的"砖块"

"两个黄鹂鸣翠柳，一行白鹭上青天。

窗含西岭千秋雪，门泊东吴万里船。"

这是一幅多么美丽的画卷：黄鹂、翠柳、白鹭、青天、苍岭、白雪、大江、航船。它表现了诗人对多彩的大自然的由衷欣赏与赞美！

我们的大自然的确是五光十色的：苍穹中的日月星辰；地球上的海洋与大陆，山岳与江河，草原和森林，风霜雨雪，植物、动物，液体、固体……所有一切我们所接触、所感受到的实体构成了一个形形色色的物质世界！

多少年来，一个十分诱人的问题困惑着人们，那就是：世界上的万事万物是由什么构成的？它们有没有共同的基本成分和共同的本质呢？

这一问题是科学上的一个基本问题。从古代的哲人到今日的学者们都为揭开这个物质结构之谜呕心沥血。功夫不负有心人，经过艰难曲折的探讨，人们逐步揭开了物质世界的内幕。

就在 100 多年前，科学家明确地告诉人们：世界上的所有物质都是由极其微小的、肉眼看不见的颗粒——原子组成的。它的基本理论就是物质的原子论。这一理论后来又得到进一步证实、完善和发展。到目前为止，人们一共发现了一百多种原子，其中大部分原子是天然的，有一些是科学家们在实验室里制造出来的。每种原子的集合被叫作"元素"，也就是说，世界是由一百多种元素组成的，原子就是元素的最小颗粒。

为使读者对"原子"有个直观的概念，不妨打个比方：如果有一根长1厘米的铜丝，我们用一把利刀将它截为两段，得到1/2厘米的一段；再将此段截成两段，又得到1/4厘米的一段；如此不断地截下去，铜丝将越来越短。假如不因切割工具的限制而一直切下去的话，是否会没完没了呢？现代科学已经告诉我们，切至最后，那个不能再分的铜颗粒就是一个"铜原子"（以后我们还要讲到原子还可再分，不过再分下去就不是"原子"了）。尽管至今还没有发明这样的切割工具，但科学实验已经测出了各种原子的大小，它们的直径大约是 10^{-8} 厘米，即一亿个原子一个接一个地排起来才有1厘米长！

人们给组成物质世界的一百多种元素的原子分别起了名字，并用一个个符号来表示它们。例如，最轻的元素叫"氢"，记为"H"，它就代表一个氢原子；人体呼吸所需的氧气的原子，记为 "O"；自然界中最重的元素叫"铀"，记为"U"；如此等等。

虽然迄今只发现了一百多种元素，但如同 26 个英文字母可以构成成千上万的英文单词一样，这一百多种元素的原子按确定的自然规律排列、组合从而形成了一个使人眼花缭乱的客观世界。

我们生活的地球就是以天然元素为"砖石"砌成的大厦。其表面覆盖着的浩瀚海洋主要是水，而水就是由氢原子和氧原子构成的水分子的集合体。雨、露、冰、霜不过是水分子的不同形态而已。厚约 17 千米的地壳主要是由氧、硅、铝、铁、钙、钠、镁和氢等元素的原子组成；对地球的内核现在虽然研究得不够，但一般认为硅、镁、铁、镍等是其主要成分。地球表面还有一个生机盎然的生命世界——生物圈。形形色色的生物也是原子搭成的"彩楼"，它们的主要"建筑材料"是水、碳氢化合物和其他微量元素，连人体这个复杂的机体也不例外。

月球是地球的卫星，也是地球最近的邻居。古人对月球产生过美丽的幻想，许多诗人为之咏叹，还有许多优美的故事在民间流传，"嫦娥奔月"大概便是其中最动人的一个了。然而人类的探索却证明月球是一个死寂的世界。它上面没有空气，没有水，更没有生命，只是一个围绕地球旋转的、表面由岩石组成的天体而已。1969 年，人类终于第一次登上了月球，并且带回了月球岩石的样品。从对月岩的分析中得知，月球也是由元素构成的，而且这些元素与地球上的元素没有什么不同。

太阳是我们这个星系的中心。现代天体物理学基本上已经解释了太阳的本质：这个巨大天体的主要成分是氢，氢约占其总体积的80%；其次是氦，此外还有少量的其他元素。几十亿年来，太阳所发出的光、热的能源是氢元素在不断进行着的所谓的"热核燃烧"。

不过太阳只是银河系中1500亿颗恒星中的一颗。银河系的直径达10万光年（1光年 = $9.46×10^{15}$ 米），而银河系之外还有千千万万个河外星系，它们也像银河系一样巨大。然而科学家们认为，宇宙中的所有星体都是由构成太阳系的那些元素组成的，而且主要是氢元素。氢元素的原子约占宇宙中所有元素的原子总数的十分之九。

整个宇宙由物质组成，原子就是构成物质的基本"砖石"。这些"砖石"是天然存在的，它们与世界共存。世间万物都是随着各种原子的结合、解体和转移而形成新新旧旧、生生死死，不断变化和发展的和谐的宇宙。

既然原子是肉眼看不见的，那么凭什么断言物质是由原子组成的？原子还能不能再分？它的里面还有什么？要回答这些问题，我们先得来追寻一下人类在探索物质结构的征途上曾走过的崎岖之路。

（二）古人是怎样看物质的?

从远古时候起，我们的祖先就用心观察周围的世界了，并且注意到各种物质之间有许多共性。例如，雨、雪、冰、霜都归结为水；燃烧了的东西都变成了灰和炭；岩石、沙砾化成泥土；物体热胀冷缩；两个物体摩擦会发热……这些现象促使他们去思考、去提出疑问：世界上众多的物质，它们是不是由若干东西组合起来的呢?

古代文明比较发达的埃及人和巴比伦人提出：世界的本源有三种——水、气和土。古代的中国人则认为万物都是由金、木、水、火、土五种东西组成的。这些观点现在看来都是很粗浅、幼稚的，但却闪烁着真理的光辉!在探讨物质结构的本质方面，值得一提的人物是生活在2400年前的古希腊学者德谟克利特，他是一位才华横溢的哲学家。凭借着一个善于思索的大脑，他最早提出了"世间万物都是由原子组成的"观点，希腊文中的"原子"就是"不可分割的微粒"的意思。他还认为"原子之间有空隙"，"原子不能消失，也不能无中生有"。德谟克利特的真知灼见，表明他是一个了不起的预言家。尽管他大脑中想象的原子与我们今天所说的原子大不相同，但这些超越时代的观点却最早将人们对物质结构的认识纳入了科学体系。遗憾的是，他的观点主要是依据他对自然界的观察、想象和推理，而不是依据实验，他不能提供确凿的证据使人信服，因此他的原子学说不能为当时的人们所接受，甚至遭到长期冷落。

■ 图1　德谟克利特

在德谟克利特之后不久，古希腊又出现了一位赫赫有名的哲学家亚里士多德。此人学识广博，但谬论也多。他反对德谟克利特的原子论，主张物质是由土、水、空气和火四种元素组成的。在相当长的一段时间里他的主张占了上风，因为在当时，土、水、空气和火是人们能直接感知的实实在在的东西。

亚里士多德的"四元素"谬论还导致了"炼金术"的发展。"炼金术"信奉者们纷纷将一些"贱"金属掺和在一起企图炼出黄金，王公贵族们甚至想炼出"仙丹"以求"长生不老"。一股炼金的狂热曾风靡过欧洲。有个故事说，18世纪英国有一个炼金术士曾巧妙地利用夹带的办法宣称他炼金成功，竟骗得了英王和牛津大学有关人士的赏识。但是有些人不相信，并要求他当众表演。就在当着一大群权贵和学者们表演前的一刻，他窘迫得将一小瓶药水倒进嘴中，服毒自杀了。

中国古代有炼丹术士。从秦帝国到南宋的这一千多年中，就曾广泛地风行过炼丹术。《西游记》中有孙悟空偷吃太上老君五葫芦金丹的描写，《红楼梦》中也有宁国府的贾敬"一味好道，只爱烧丹炼汞，别事一概不管"的文字记载，这些都是现实的反映。

所有炼金术士们的努力都是不会成功的，因为他们对物质结构的本质缺乏正确的认识，"炼金"必然徒劳。至于炼丹则更是荒唐。现在大家都知道，自然界所有的生命都有一个从生到死的过程，这是自然规律，谁也逃脱不了，因此任何人都不可能炼出一种吃了能使人"长生不老"的"仙丹"。

人类对物质结构的本质的茫然无知大约持续了两千多年。在这期间，人们在黑暗中徘徊、摸索。然而，到了近代，由于生产力的发展和科学技术的进步，人们终于拨开了迷雾，使物质结构的原子论从古人的猜想逐步变为科学的理论。

（三）近代原子论如何描述物质结构

"在科学的大道上是没有平坦的道路可走的，只有那些不畏劳苦沿着陡峭山路攀登的人，才有希望到达光辉的顶点。"

在介绍近代原子论之前，让我们先来介绍一位对人类认识微观世界做出贡献的不倦探索者——荷兰人列文虎克。此人出生于 1632 年，他小时候就对自然界的形形色色发生了浓厚的兴趣，长大后还形成了一个"怪癖"：一有空就将弄到手的各式各样的东西放在那时刚发明不久的低倍放大镜下左看右瞧，琢磨来琢磨去，以致废寝忘食。邻居们因此常嘲笑他：一个大男人成天像小孩子一样摆弄那些没出息的玩意儿成何体统！可是列文虎克全然不顾他人的冷眼，使他苦恼的却是买不到更好的放大镜。为了得到当时谁也不会给他提供的高倍放大镜的镜片，他决心自己动手磨制。经过

■ 图 2 列文虎克

几年的刻苦钻研与实践，他终于掌握了高超的磨镜技术，磨制出当时世界上绝无仅有的高级镜片，它的放大倍数高达 200 倍！列文虎克利用自制的一些极其简单的设备——主要是几台显微镜，观察到了人所未见的美妙的微观世界。在显微镜下，他看到了红细胞，肌肉的条纹结构，血液在毛细血管中的流动，树木的年轮以及雪花的晶体，等等。他将看到的东西逐一做详细的记录，从中得到了一项项宝贵的发现。有一天，他从一滴久置的雨水中惊奇地看到了无数个微小的生物在浮游。经过计算得出，这一滴水中的微生物竟达到 250 万个！当他将这一发现报告给英国皇家学会时，学会的会员们居然怀疑他是一个骗子——难道一滴水中的微生物比他们国家（荷兰）的人口还多吗？于是他们派人亲自登门考察。在事实面前，英国皇家学会无可否认这是一项了不起的发现。后来英国国王和俄国的彼得大帝也拜访了这位奇人，并好奇地观看了他那台神妙的显微镜。虽然当时列文虎克在研究制造显微镜时并没有去管更小的原子，但他却将人类的注意力引向了奇妙的微观世界。

世界上第一个将原子学说从一种推测、一种哲学概念转变为真正的科学原理的人是 18 世纪的一位英国化学家、物理学家——道尔顿。

道尔顿自小聪明好学，12 岁时就开始登台讲课，19 岁时当了小学校长，而且他当上教授的时候非常年轻。不过他幼时很贫困，一辈子都没有结婚，他将全部精力都倾注在研究物质结构这块

图 3　道尔顿

神奇的土地上，如醉如痴地从事化学研究。他利用搜集来的便宜器材自制仪器，在物质条件极其困难的情况下，为近代原子论的创立立下了不朽的功绩。

当然近代原子论的建立还有其他科学家的功劳。例如，17 世纪的英国科学家波义耳，他经过研究指出，凡不能以化学手段分解的物质就是"元素"。这是"元素"概念的首次科学定义。他最先引进化学分析，提出通过化学实验来弄清哪些物质是元素，哪些是化合物。此外，生于 18 世纪中期的法国化学家普鲁斯特也发现了参加化学反应的物质的质量都成一定的整数比，并由此提出了定比定律。18 世纪的法国化学家拉瓦锡也是一个热心研究化学的人。他用事实证明了燃烧的本质是物质与氧元素发生了反应，从而否定了错误的"燃素"说；是他证明了在化学反应中物质的质量不变；是他发现氢在燃烧时产生了水，

第一个得出水是由氢和氧组成的正确结论。这些科学家的成就都为近代原子论的建立奠定了基础。

道尔顿的超人之处在于他善于总结和继承前人的成果，加上他自己又善于思索和刻苦实践，使他终于了解到化学反应中的种种现象和表现出的规律性都是原子在起作用，反过来便证明了原子的确存在。由此他提出了对物质结构的深刻见解——近代原子论。其要点是：物质都是由一定质量的原子组成的；原子是非常微小的、肉眼看不见的实心球体；原子是不可分割的，在化学变化中它的性质不变；元素是由同一类原子构成的，一种元素的所有原子在质量上和性质上都是相同的。

与古代的原子论不同，道尔顿的学说是建立在牢固的科学实验基础之上的，他通过大量的实验事实证明了原子是客观存在的。现在当然不会再有人怀疑原子存在的事实了，因为利用现代的超高分辨电子显微镜已可直接拍摄到某些原子的照片了。

今天来看，道尔顿的原子论无疑有很大的缺陷，他的学说只能代表人类认识物质世界的一个阶段。但我们是不能苛求于前人的，近代原子论已为我们勾画出物质结构的大致轮廓了，它对近代化学的发展起到十分重要的作用。因此可以说道尔顿的原子论是人类认识物质本质的一个重要的里程碑。

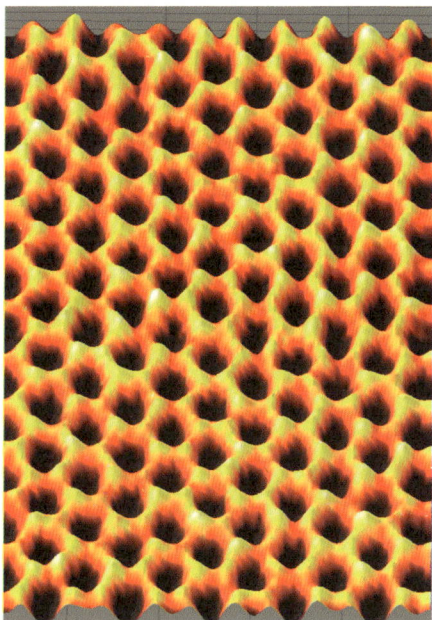

■ 图 4　石墨烯单层碳原子结构

　　道尔顿的原子论问世之后，许多科学家仍在继续探索物质的奥秘，填补道尔顿理论的缺陷，不断加深人们对物质世界的认识。1811 年，意大利科学家阿伏伽德罗在原子论中引入了"分子"概念。他当时指出构成气体和固体的微粒还有分子，分子又是由原子组成的。绝大多数单质气体的分子都是由两个相同的原子组成的，化合物的分子是由多个不同的原子组成的。这一正确的概念丰富和发展了原子论，使得道尔顿学说难以解决的一些难题有了令人满意的答案。1827 年，英国植物学家布朗利用悬浮在水滴中的花粉，首先在显微镜下观察到了由分子撞击引起的花粉的无规则运动，这就是著名的"布朗运动"。虽然当时布朗还不清楚水滴中的花粉为什么东碰西撞地动个不停，然而他却是人类第一个亲眼看到分子运动现象的人。

（四）有趣的元素周期律

现在我们已经知道，世界上繁多的物质都是由一百多种元素按不同的方式排列、组合而成的。这一百多种元素是人们在生产和科学活动中不断发现的，有些元素很早就被发现，有些则发现得很晚。在我国，殷商时代就开始使用青铜器，在战国时代炼铁业已很兴旺，其他像金、银、铅、锡、汞等也早有开采。这表明这些元素早为人们所熟知。当历史进入 19 世纪以后，欧洲的采矿、冶金和化学业等都有了很大的发展，许多新元素又陆续被发现，到 19 世纪中叶，发现的元素已达到 60 多种了。在这众多的元素面前，有一些科学家已经感到有必要对这许多元素进行分析、归纳和总结，看看是否能从它们不同的化学性质中找到它们的内在联系和一定的规律，其中有些科学家已经在此项工作中取得了一些成就，但尚未发现完整的规律。

19 世纪 60 年代，多才多艺的俄国化学家门捷列夫在前人研究的基础上，开始对各种元素的化学性质进行仔细的分析和总结。他前后花了近 20 年的时间，将当时已知的 63 种乍看起来杂乱无章的元素，按它们相对原子质量大小的顺序进行科学的分类和排列。由此他发现，元素的化学性质随着相对原子质量的增加呈现出周期性的变化。

他把这 63 种元素按周期性的规律排成了一张表，这就是他在 1869 年发表的著名的"元素周期表"。

在周期表中，门捷列夫将所有元素按相对原子质量大小自左至右排成几行，每一行代表元素化学性质变化的一个周期。排列的结果，性质相似的元素就自然地排到同一列中，于是每一列就构成一"族"，即一族中的元素其性质是相似的。这样，各周期的头一个元素构成了"第一族"，而第二个元素构成了第二族，如此等等。各个元素在周期表中各占一格，就像梁山上的好汉各有一个"座次"。这张表揭示出物质世界的一条重要规律，它在人类认识自然中发挥了重要的作用。门捷列夫的这一成就为促进自然科学的发展做出了重大贡献。

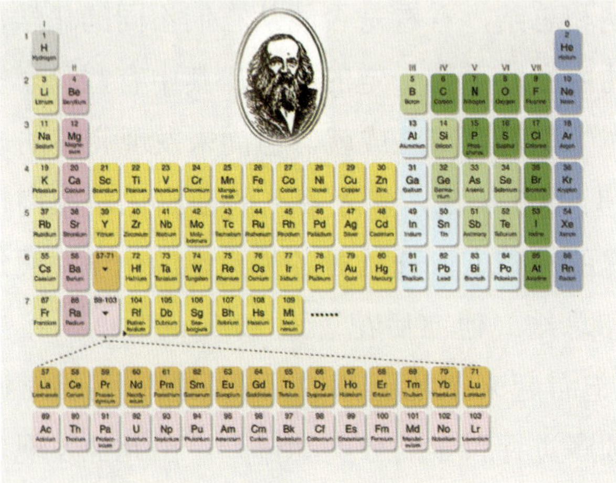

■ 图 5 门捷列夫和元素周期表

　　周期表的出现不但经受了科学实践的考验，而且反过来又指导着人们的生产和科学实践活动。门捷列夫排列周期表的基本依据是元素的相对原子质量，在排列过程中他发现，有些地方的周期性规律似乎被打破了。经过分析，他认为这绝不会是周期律本身有问题，而可能另有原因：一种可能是相对原子质量有错误。例如当时认为铍的相对原子质量为13.5，据此它应排在第三族，但按其性质，门捷列夫认为它应该排在第二族。后来通过测量，得出铍的相对原子质量是9.01，证明门捷列夫是对的。可是有些地方的周期性规律被破坏，却不能用相对原子质量的正确与否来解释。他发现，如果在这些地方留下一两个空格，则周期性又重新恢复了。于是他推断，留下空格的地方是还没有被发现的元素的位置，它们迟早会被发现。他还根据这些空格在周期表中的位置预言了这些未知元素的性质。例如，有三种未知元素，当时门捷列夫认为它们分别和硼、硅、铝相似，并称之为类硼、类硅和类铝。五年后，人们在锌矿中发现了镓，其性质与门捷列夫预言的类铝几乎一样。更令人惊奇的是，镓的发现者最初测出它的比重为4.7，但门捷列夫根据镓在周期表上的位置预言其比重应在5.9～6.0，后来测得镓的比重确为5.9。过了不久，类硅和类硼又被发现，它们就是锗和钪这两种新元素。

　　周期律的发现到现在已经一百多年了，在这一个多世纪中，自然科学的发展突飞猛进，人们对物质世界的认识发生了革命性的、深刻的变化，门捷列夫在周期表上留的空格早已填满了，不断发现的新元素也已经突破那时周期表上的最后一个元素——92号元素（铀）。目前正式进入元素周期表的元素已有118号，再往后又是什么元素呢？元素的终点究竟止于何处呢？这是一个有待解决的科学之谜！

二、惊人的发现

（一）X射线

在 19 世纪行将结束的时候，经典物理学和近代化学已经发展到相当成熟的阶段了，人们觉得利用原子论似乎可以解释所有的自然现象。

可是这种盲目乐观的情绪并没有持续多久。也就是在 19 世纪的最后几年，一些轰动世界的科学发现像一道道雷电的闪光划破黎明前的黑暗，震撼了已经建立起来并被某些人视为坚不可摧的科学堡垒，并很快导致许多划时代的、革命性的新理论建立，它们又将科学推进到一个崭新的阶段，并将人类对世界的认识引入到一个更加深入的层次——原子核中去。

人们是从"电"现象的研究逐步拉开原子世界的帷幕的。

古希腊时就已经发现了被毛皮摩擦过的琥珀能吸引轻小的物体，这是最简单的电现象。但在以后长达两千多年的时间内，人们对神秘的电现象一无所知。到了 19 世纪初，在电现象方面陆续有了新的发现。伏特于 1800 年发明了伏特电池；1820 年奥斯特发现了电流的磁效应；1822 年安培宣布了安培定律；1826 年欧姆定律问世；1831 年法拉第发现了电磁感应现象。此时，弄清电现象的本质已成为人们的迫切愿望。到了 19 世纪后半叶，由于工业的发展，特别是冶金、电气、玻璃等工业的迅速发展，为电现象的研究提供了必要的物质基础和技术条件。

为弄清电的本质，19 世纪末，许多人在一种叫"真空管"的装置中进行稀薄气体放电现象的研究。所谓真空管，是在一个玻璃管内安上两个电极——一个负极（阴极），一个正极（阳极），然后将管内的空气抽走，利用起电机产生的静电在两极间就能发生放电。1859 年，德国物理学家普鲁克在利用真空管放电时，发现对着阴极的管壁射出一种绿色的光。1876 年，德国物理学家戈德斯坦断定这种绿光是因某种射线从阴极发射出来并打到对着阴极的管壁而产生的，他称这种射线为"阴极射线"。

阴极射线是什么？当时争论很激烈，有的说它是光，有的说它是带电粒子流。

就在电的本质尚未揭晓，阴极射线尚未弄清的时候，中途又杀出一个"程咬金"。这个不速之客的出现，使物理学家们一个个目瞪口呆，认识到原来世界的深处还大有奥秘。

1895 年的一天晚上，德国物理学家伦琴在做阴极射线实验时，为排除外界光线的影响，他将阴极射线管用黑纸包严，并将实验室的窗帘放下。当他接通电源使射线管工作时，突然看到一米外的一块涂有氰化钡的荧光材料板上发出了荧光。当切断电源，管子停止工作时，亮光也随之消失。这一现象无法用阴极射线来解释，因为阴极射线只能穿过几厘米的空气。意外的发现使他大为诧

图 6　伦琴

异。经反复验证，他确信这是一种穿透力很强的射线，它是由阴极射线打到管壁上产生的，正是这种射线激发了荧光材料并使之发光。

伦琴惊奇地发现，这种射线竟能穿透一千多页的书本，也能穿透 2～3 厘米厚的木板和 15 毫米厚的铝片。特别是当他夫人的手置于射线中时，居然能看到手上的骨骼，手指上的戒指也清晰可见。伦琴成功地给自己夫人的手拍下了世界上第一张 X 光照片。

伦琴的这一发现成为当时许多报纸的头条新闻。有记者问他：“这种射线是什么？”伦琴答道：“不知道，它就像数学里的未知数 X，就叫它 X 射线吧！”

X 射线发现的消息没几天就传遍全世界。这在科学史上是罕见的，只有为数不多的发现能如此吸引人们的注意

和激发人的想象。新闻界更以耸人听闻的手段报道了这种新射线。由于它具有穿透不透明物体的性质，致使一些女性胆战心惊，她们害怕一些流氓会用这种射线来做坏事。机敏的商家也开始向人们推销"不透 X 射线"的服装。各国的医学家也竞相加以研究，在骨科、内科领域都取得了很大成就。

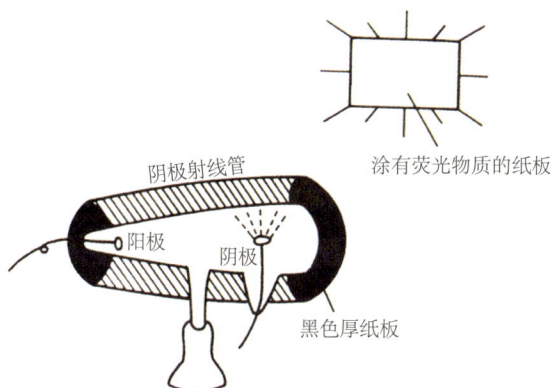

图 7　发现 X 射线的实验装置图

X 射线的发现使伦琴名声大振，金钱和荣誉也接踵而来。但伦琴是位正直的科学家，他无私地将自己的成就奉献给人类。他说："发明和发现都属于全人类，决不应受专利权、特许权等的束缚，也不应受任何人的垄断。"他谢绝了授予他的贵族爵位，拒绝了许多厂商的重金聘请，并将 1901 年荣获的世界首次颁发的诺贝尔物理学奖的奖金全部捐献给沃兹堡大学的物理实验室。

　　X射线虽然被发现，但当时人们对它的本质并不了解。伦琴曾做过认真的研究，但因当时条件不成熟，无大进展。直到1914年，劳厄和他的助手通过实验证明了X射线是波长很短的电磁波，至此，这一悬案才得到解决。

　　X射线的发现震撼了当时的物理学界，从而揭开了物理学革命的序幕，继而一系列新的发现像雨后春笋似的一个个从沃土中显露出它们的头角。

（二）平地一声雷——天然放射性的发现

"莫笑农家腊酒浑，丰年留客足鸡豚。

山重水复疑无路，柳暗花明又一村。"

在 X 射线还是未知数的时候，人们纷纷从各个角度来研究它。其中有一种想法：X 射线常伴随荧光出现，那么它是否与荧光有关呢？如果 X 射线由荧光引起，那么天然荧光物质是否也能产生 X 射线呢？法国科学家贝克勒尔对此发生了兴趣，并于 1896 年设计了这样一个实验：用黑纸将涂有溴化银乳胶的照相底片严严地包起来以防曝光；然后在黑纸外放上一种铀盐晶体，这种晶体是天然的荧光物质（即在阳光照射下能发出荧光的物质）；最后他将铀盐晶体和黑纸包着的照相底片一起放到阳光下。几小时之后，他将底片冲洗出来，发现恰在放置铀盐晶体的地方出现了暗斑，即底片感光了。据此，他推断：荧光物质也能产生 X 射线。因为阳光和荧

■ 图 8　贝克勒尔

光都不能透过黑纸，只有 X 射线才能透过去。贝克勒尔在得出结论后仍在重复着实验，因为科学的结论必须经得起反复的实验检验。在千百次实验中，只要有一次结果与结论不符，那么这种结论就要再行推敲。有时正是由于矛盾的出现，才导致事物真相的暴露。

俗话说"无巧不成书"；就在贝克勒尔重复实验的时候，他所在的巴黎一连好几天都是阴雨天，太阳不露面，只得暂停实验。于是他将黑纸包着的底片和铀盐晶体一起放入暗橱。过了四五天，太阳仍然躲在深深的云层里，贝克勒尔等得有点心烦，便想检查一下底片有没有漏光。另外，他好奇地想看看未经阳光照射的底片是否也会感光。检查结果，他发现底片上竟然出现了清晰的铀盐晶体的影子。这一现象使他大感意外——原来的判断完全错了！底片的感光并不是阳光激发荧光物质产生的 X 射线引起的。那是什么射线使底片感光了呢？这是一个振奋人心的大问号。

■ 图9 生产铀的磷酸盐晶体照片

　　科学家的敏感在于不放过任何一个微小的偶然事件，因为现象的出现可能是偶然的，但它的背后却常隐藏着必然的原因。找到了这个必然原因，事件的本质就清楚了。贝克勒尔马上放弃了他曾做过多次的阳光照射铀盐使底片感光的实验，而紧紧抓住这一偶然发现。他用几种不同的铀盐做同样的实验，底片都感光。他又用不含铀的其他金属盐类以及玻璃、木块等物体做实验，但底片都没有感光。这说明只有含铀物质才有这种性质，而且不管哪种含铀的化合物，效果都一样。

　　利用19世纪所有的知识都无法解释这种实验结果。于是贝克勒尔断定：含铀物质会自发地发射出一种看不见的射线，正是这种射线透过黑纸使底片感光的。既然只有含铀物质才有这射线，说明这是铀原子本身的一种性质。

那么，这种射线一定是从铀原子内部发射出来的。后来，人们将物质本身能发出射线的性质叫放射性，能发出射线的物质叫放射性物质。

贝克勒尔的发现宛如一声春雷，唤醒了沉睡的科学大地。它的意义并不在于发现一种可使底片感光的射线，而在于为人类的认识开辟了一个新天地。从德谟克利特设想的原子到放射性被发现这两千多年的漫长岁月中，人们基本上没有动摇过"原子是不可分割的"这个概念，而今贝克勒尔发现了从原子内部悄悄地跑出来的这个"不速之客"，它告知人们，原子并不是"铁板一块"，它的里面还有别的东西。天然放射线的发现，打开了深锁着的原子大门，它使人们得以深入原子的内部，迈开了研究原子结构的第一步。所以放射性的发现是现代科学史上第一个重大的发现，是又一个新的里程碑。

贝克勒尔因这一发现与居里夫妇共同荣获了 1903 年的诺贝尔物理学奖。

或许有人会认为贝克勒尔的发现纯属巧合，这样的看法是片面的。贝克勒尔之所以能有这一发现，完全源于他的科学素质——不仅对许多科学问题进行深入思考，而且能对新现象进行细致、反复的研究。数学家华罗庚说过："如果说，科学上的发现有什么偶然的机遇的话，那么这种'偶然的机遇'只能给那些学有素养的人，给那些善于独立思考的人，给那些具有锲而不舍的精神的人，而不会给懒汉。"机遇是有的，但在科学发展史上错过机遇而没有新发现的人是很多的，因为"机遇只偏爱那些有准备的头脑"。

（三）新元素的发现与一位伟大的女性

在原子科学的发展史上有许多卓越的科学家，他们为人类认识自然做出了许多巨大的贡献。其中有一位特别值得人们称颂和纪念的伟大女性，她就是曼娅·居里。

就在贝克勒尔因发现神秘的射线而引起世界震惊的时候，在巴黎大学读书的波兰女学生曼娅正在为获得博士学位寻找一个合适的论文题目。贝克勒尔的发现引起了她的关注。铀放出的射线是什么？这是一个非常有意义的题目，曼娅决定研究它。由此，一个伟大的科学家迈开了她历史性的第一步。她以顽强的精神走完了她光辉的历程，为科学宝库增添了无价的财富。

曼娅的第一个研究题目是铀射线的来源。她对铀进行了加热，用 X 光和紫外光照射，她发现同一块铀盐无论进行怎样的处理，其放射性强度是不变的，它只跟物质中的含铀量有关，跟与之结合的其他盐类无关。这就

■ 图10 曼娅·居里

证明了这种射线的确是原子内部的产物，是铀元素本身的特性。接着，她提出第二个问题：除铀之外，其他元素有没有这种辐射特性？她又着手在所收集到的矿物中寻找新的放射性元素。俗话说"功到自然成"，她对许多矿石逐块进行检查，结果发现钍的化合物也会发出射线，还有一种叫沥青铀矿的铀盐的放射性比纯铀和纯钍的放射性还要强。她无法解释她的发现，因为沥青铀矿中的含铀量远比纯铀少，可是为什么前者的射线强度反而比后者的强得多？经反复验证都证明事实无误。这时，她推测一定是沥青铀矿中含有放射性更强的新元素，只不过它的含量很少，以至在化学分析中被人忽略了，而事实上它是存在的。她相信自己的判断并决定提取这种新元素。

曼娅从事科研的刻苦、顽强精神使她的丈夫皮埃尔·居里十分感动。皮埃尔·居里也是一位物理学家，为了支持妻子的事业，他放下了正在进行的晶体研究，而和妻子一道来研究放射性。

居里夫妇的目标是试图从沥青铀矿中提取未知的放射性新元素，为此，他们首先得有大量的沥青铀矿。当时，他们没有科研经费，要以他们微薄的薪水来购置这种昂贵的矿石是不可能的。然而幸运的是，他们从奥地利的一位矿主那里免费得到了1吨沥青铀矿的矿渣，这对居里夫妇来说无异于上苍的恩赐了。不过，要处理这成吨的矿渣需要有一个实验室。经过一番努力，他们在居里先生执教的学校里找到一个闲置着的木棚。木棚的地面是泥巴地，顶上还漏水，棚内只有一张老掉牙的桌子和一个生锈的炉子。这就是他们从事科学研究的实验室和全部设备了。

他们没有助手，一切工作都得自力更生。他们自己烧炉子，加热成吨的矿渣，加热中还要不断搅拌。他们夜以继日、废寝忘食，月复一月、年复一年。岁月年华就在对矿石进行煮沸、蒸发、分离、测量和分析中过去了。1898年7月，他们终于提取出一种放射性比铀强几百倍的新元素。为了纪念自己的祖国波兰，居里夫人将这种新元素命名为"钋"。

继"钋"之后，他们又发现了一种放射性更强的物质，其化学性质与钡类似，但钡没有放射性，它却有放射性，因此很可能又是另一种新元素。经过4年的艰辛探讨，他们从几吨的沥青铀矿中提取出极其宝贵的0.1克这种强放射性物质，其放射性强度要比铀强两百万倍，他们称之为"镭"。尽管那是微不足道的0.1克，但它却足以宣告一种新元素的存在。就在那天晚上，居里夫妇怀着激动的心情步入那间简陋的工棚，当他们看到自己亲手制得的一小撮新元素"镭"放射出的神秘的辉光时，他们感到这不是破烂的工棚，而是神话中的宫殿！他们共同沉浸在科学发现与创造的兴奋与幸福之中，因为这是他们用共同的心血和汗水浇灌出来的花朵，是他们用共同的智慧发掘得来的宝贵物质。

曼娅·居里在放射性研究上的伟大业绩使她两次荣获诺贝尔科学奖金，使她成为科学史上绝无仅有的一位伟大的女性。

（四）原子家族的报幕员——电子

19世纪末至20世纪初的一段时间内，由新发现、新矛盾、新概念引起的混乱席卷了科学界。看来人们对物质世界的认识必须作一番彻底的改变了。阴极射线、X射线、天然放射性的发现和研究告诉人们，两千多年前德谟克利特给"原子"以"不可分割"的定义，现在已失去它的意义而须另眼相看了。因为实验和研究证明，原子肯定不是构成物质的最小单元，物质结构中必定含有更小更基本的东西。

但是原子究竟有怎样的结构？它究竟有哪些组成成分？这些还是不清楚。因此研究原子的工作还要像剥洋葱头一样，层层深入下去。

原子家族的成员中，第一个为人所识的是电子。要想知道电子是怎样出台亮相的，先让我们回到那个尚未水落石出的阴极射线上去。

"阴极射线是什么"的争论持续了三四十年。以德国科学家赫兹为代表的一伙人宣称它是一种"波"，而以克鲁克斯为代表的英国科学家却持反对意见。1879年，克鲁克斯巧妙地在阴极射线管中安装上一个小叶轮，并使阴极射线打在叶轮的一侧，此时小叶轮竟然转动起来了。这个实验证明阴极射线是有质量的微粒流。1895 年，法国科学家佩兰成功地将阴极射线收集到一个绝缘的容器中，并且进一步证明了收集到的是负电。这说明阴极射线是带负电的粒子流。而最终真正弄清阴极射线本质的是英国科学家汤姆逊。汤姆逊也是赞同

图 11　汤姆逊

阴极射线是带电粒子流这一观点的，并决心用实验来证明。1890 年，汤姆逊就动手研究阴极射线了，他在前人研究的基础上，设计出一系列精巧的实验。首先，他设法直接测量阴极射线携带的电荷。为此他改进了佩兰的实验装置，在真空管的一侧安上一个电荷接收器，当真空管工作时，利用磁场使射线偏转。当磁场强度增加到一定值时，接收器上接收到的电荷量猛增，这说明电荷直接来自射线。第二步，他在真空管上加上电场，进而观察阴极射线在电场中的偏转。他发现当真空管的真空度足够高时，射线在电场中的偏转很稳定，从而证明阴极射线是带电粒子流而不是电磁波，因为电磁波在电场中是不偏转的。然后，他再分别测出阴极射线在磁场和电场中的偏转量，继而由偏转

量的大小推算出这种粒子的质量和其电荷的比值。

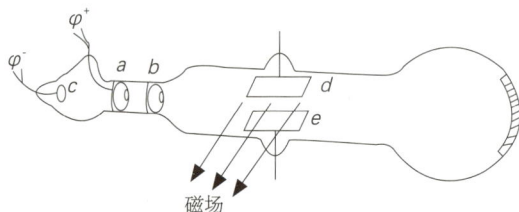

■ 图 12　发现中子的实验装置图

实验结果出乎汤姆逊的预料，这个比值大约是氢离子质量和电荷比的千分之一。需要注意的是，这里测得的是两个量（质量与电荷）的比值，而不是直接测得了质量。但这一测量是判别这种粒子的决定性的一步，因为知道了这个比值，只要再测出两个量中的一个，另一个量就自然得到了。汤姆逊分析，出现这样小的比值有两种可能：一是该粒子的电荷很大，一是它的质量很小。1898 年汤姆逊和他的学生一起用云雾法又测定出阴极射线粒子的电荷同氢离子所带的电荷是一样的。这等于直接证明了这种粒子的质量大约只有氢离子的千分之一。根据这些事实，汤姆逊断定阴极射线的粒子比原子还要小得多。当时他将这种粒子称作"微粒"，后改称"电子"。以后又更精确地测定了电子的质量是氢原子质量的 1/1836，约等于 0.9×10^{-27} 克，其电荷约为 1.6×10^{-19} 库。这个电荷量是最小的电荷量，即基元电荷。

在质量－电荷比的测量中，汤姆逊观察到，不论是改变管中的气体成分还是改变阴极材料，这种比值是不变的，这说明来源于不同物质的阴极射线的粒子都是一样的。他还进一步研究了光电效应和热电发射等没有被人们认识的新现象。所谓光电效应，就是某些金属在光的照射下会放出电子流，这一现象是赫兹在 1887 年发现的，但当时赫兹并不知道金属表面放出的物质是什么，直到 1899 年，汤姆逊用磁场偏转法测量它，才证明了它是电子流。1884 年，爱迪生在研究白炽灯时，发现灯丝加热后有负电逸出；1899 年，汤姆逊进一步证明了灯丝放出的也是电子。

汤姆逊总结大量的科研事实，得出了正确的结论：无论阴极射线、光电流还是热电发射，它们发射的都是电子。电子是一切原子的组成部分，它是组成物质的更基本的单元。由于这一发现，汤姆逊荣获 1906 年诺贝尔物理学奖。

就这样，原子家族中的报幕员——电子，开始在舞台上亮相了。原子不可分割的观念也随之土崩瓦解了。

（五）射线三兄弟——α、β、γ

1896 年贝克勒尔发现了铀的放射性，1898 年居里夫妇又发现了两种新的放射性元素钋和镭，从原子内部发射出来的射线引起了科学家们的极大兴趣。经测定，由放射性元素放出的射线一共有三种，它们有时各自单独出现，有时又结伴而行，好像是三兄弟。为了弄清它们的本质，认识它们的真面目，核科学家们煞费苦心，其中贡献最大的是法国科学家卢瑟福。

1896 年，卢瑟福被放射性发现所吸引，他想从贯穿本领上看看这些射线与 X 射线有何区别。他把一系列极薄的铝箔放在铀盐上，测量这些射线穿过铝箔后引起空气电离的数值。通过实验，他发现铀射线至少有两种：一种很容易被吸收，称之为 α 射线；另一种贯穿本领很强，称为 β 射线。与此同时，别的科学家也在研究铀射线，他们将铀射线置于磁场中，观测到一种射线受磁场作用发生偏转，另一种则不偏转。居里夫妇证明了在磁场中偏转的是 β 射线，不偏转的是 α 射线。1900 年，贝克勒

■ 图 13　卢瑟福

尔根据 β 射线在电、磁场中的偏转测量，判定 β 射线就是高速运动的电子流。1900 年，卢瑟福在研究镭射线时又发现了一种射线。他将镭源放在一根铅管中，在铅管的一侧开一小口，让射线可从该口中射出，然后让射线通过磁场并用照片记录下它们的径迹。他将照片包上几层黑纸，前面又挡上一张铝箔，这样 α 射线便肯定通不过。但实验结果证实，他不仅测到了偏转的 β 射线，而且在开口的正前方还观测到另一种射线。由此他推断出镭还可放出一种贯穿力非常强的射线，卢瑟福称之为 γ 射线。1902 年，卢瑟福对镭射线进行了全面的研究，指出镭射线有三种成分：① α 射线。它很容易被物质吸收。② β 射线。它是高速电子流。③ γ 射线。它贯穿本领极强，且不会因磁场作用而发生偏转。卢瑟福的观点很快得到公认。在后来的研究中，人们进一步认识到 γ 射线就是波长很短的电磁波（也叫 γ 光子）。

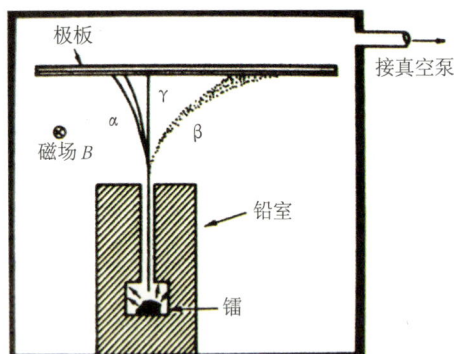

极板

接真空泵

磁场 B

α

γ

β

铅室

镭

图 14　镭的三种射线

可是 α 射线是什么？这个问题好长时间没弄清楚。开始，有的人猜测它是质量和原子差不多重的带正电的粒子，由于它的质量大，所以在磁场中很难偏转。卢瑟福很赞同这种看法，但关键在于证实。他花了三年时间，利用当时所能利用的最强的磁场，加上他对实验的巧妙设计，他终于观测到 α 粒子在磁场中的偏转，尽管这种偏转较小。他从偏转方向证明 α 粒子确是带正电；又用计数法测出 α 粒子的电荷是电子的 2 倍；用荷质比法测出其质量约为电子的 7000 倍。可是质量这样大的粒子能从铀原子里跑出来，当时实在令人费解。

为彻底揭开 α 粒子的谜底，卢瑟福发挥了他的实验天才。他与另一位科学家索迪合作，巧妙地在玻璃管内捕获了 α 粒子，然后再供给它们电子。结果一个 α 粒子俘获两个电子后便产生了电中和。他们用光谱法观测捕获了

电子的 α 粒子，发现玻璃管中出现了氦。啊！α 粒子原来是电离了的氦原子。这就是说，铀原子放出了氦原子核（α 粒子）。

三种射线的本质终于被人们认识了：α 射线是原子内放出的高速氦原子核，它携带两个单位的正电荷，质量数为 4（即氢原子质量的 4 倍），它的贯穿能力小而电离能力强；β 射线是原子内放出的高速电子，它的贯穿能力强，但电离能力小；γ 射线是原子内放出的能量很高的电磁波（即光子流），它的贯穿力极强，但电离能力很小。

应当指出，这三种射线都会对人体造成伤害，由于它们性质和能量的不同，伤害的程度是不同的。因此，在接触和操作放射性物质时，必须采取屏蔽措施。

■ 图 15 放射性药物生产

三、揭开原子的『面纱』

（一）微型太阳系——原子也有核

"奇特的想象，大胆的猜测，惊世骇俗的假说，这些创造性思维的利剑，常常会刺破已有知识和传统观念的壁垒。"

19世纪末划时代的三大发现——X射线、放射性和电子——虽然否定了原子不可分割的概念，但构成原子的究竟是些什么东西还是不清楚。虽已确定电子是原子家族中的一员了，但这个家族还有哪些成员呢？它们又如何共存于原子这个统一体中呢？它们各自又处于何等位置？拉开原子的帷幕，这一连串的问题就接踵而来。科学家们习惯于用脑筋去思维，并且具有坚持不懈、深入探索的精神，他们不愧是人类认识世界的开路先锋。

在电子被发现而原子家族中的其他成员尚未被认识的时候，原子的结构已在科学家们的头脑中有个模糊的形象了。于是他们提出一些假说——设想一些模型来为原子画像。

在20世纪的前10年中，科学家们提出了几种原子模型，其中最有影响力的是汤姆逊的"西瓜模型"。他的想法是：原子都含有电子，电子带负电且质量很小，而整个原子又呈电中性，那么原子中一定有带正电并参与决定原子质量的部分，且这部分会与电子发生电中和。基于这种想法，汤姆逊设想：原子就像一个球，其内均匀分布着带正电的主体部分，在主体中又镶嵌着一些电子。因此整个原子就像西瓜，瓜瓤是带正电的主体部分，瓜子是带负电的电子。"西瓜模型"曾成功地解释了若干实验事实，但随着研究的深入，它逐渐被新的模型所取代了。

第一个提出正确的原子模型的人还是卢瑟福。

1909～1911年，卢瑟福和他的助手做了有名的 α 散射实验，这个实验使卢瑟福发现了原子的有核结构。

α 散射的实验装置如图16所示，整个实验装置放在一个真空容器中。在实验中，他们用金箔作靶子，金箔的厚度为千分之一毫米（约相当于2000个金原子的厚度），用镭或钍放出的 α 粒子作炮弹，镭或钍被放在一个开有小孔的铅盒中。金箔后面放一块荧光屏，以便用显微镜观察 α 粒子穿过金箔后打在屏上所激发的光点。荧光屏和显微镜均能绕金箔在一个圆周上转动，这样可以观察到偏转角度不同的 α 粒子。

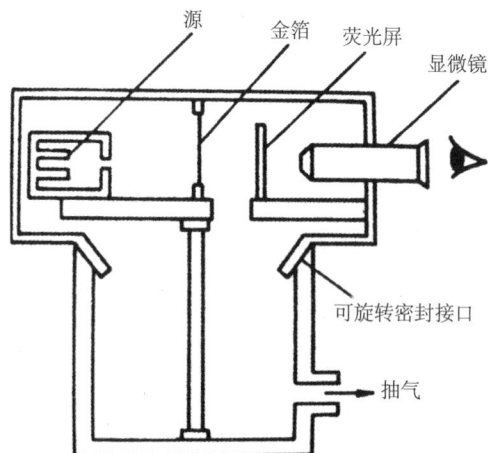

源　　金箔　荧光屏　　显微镜

可旋转密封接口

抽气

■ 图16　α散射实验装置图

利用这套装置，可以系统地考察不同物质对 α 粒子的散射作用。实验中他们发现 α 粒子穿过金箔后在屏上引起的闪光与它们没有穿过金箔时的情况几乎一样。这一现象表明：α 粒子在穿过金箔时似乎没有受到什么阻碍。在多次实验中，卢瑟福的助手马斯登有一次偶然发现：当荧光屏放在 α 粒子源的同一侧时，屏上居然也出现了亮点，这显然是单个 α 粒子撞击荧光屏所致。卢瑟福对此也大感意外。这现象究竟是受外来因素的影响还是原子结构本身因素的反映呢？他们仔细地检查了实验装置和周围环境，发现并无异常。而科学家们深知：科学实验中出现的反常现象往往是科学发现的先兆，卢瑟福是不会轻易放过这一意外发现的。他们经过多次反复实验，确切地证明

了 α 粒子在轰击金箔时，绝大多数的 α 粒子都能径直穿过去或只有很小的偏角（平均 2°～3°），但有极少数 α 粒子（约占八千分之一）发生了大角度的偏转，有的超过 90°，有的甚至接近 180°，就像被弹回来一样。卢瑟福分析：第一，绝大多数 α 粒子能穿过厚度相当于 2000 个金原子的金箔，说明外观上看起来很坚实的金箔，其原子内部大部分却是空的。第二，少数 α 粒子发生了大角度（90°～180°）的偏转，这说明 α 粒子在原子内部碰着了什么东西，这东西不会是电子，因为电子的质量大约只有 α 粒子质量的七千分之一，即使 α 粒子碰上它也只不过像飞行中的子弹碰上一粒灰尘似的，不会改变方向。α 粒子一定是碰上了一个质量与它差不多大并且带正电的东西，而且这东西体积一定很小，否则绝不可能在厚达 2000 个原子的金层中，只有八千分之一的 α 粒子碰上它。

根据 α 散射实验以及对结果的严格计算和合理分析，一幅崭新的原子结构图像在卢瑟福的脑海中形成了，这就是 1911 年他提出的原子核式结构模型。

这一模型是这样描述原子的形象的：在原子的中心有一个非常小的核，原子的全部正电荷和几乎全部质量都集中在原子核上。在原子核的周围空间里，有若干带负电的电子绕它飞速地旋转。原子核所带的单位正电荷数等于核外的电子数，所以整个原子是电中性的。

原子的核式模型非常相似于太阳系。在太阳系中，太阳是星系的中心，其周围有八大行星绕它旋转。按质量计，八大行星的质量之和只有太阳质量的 1/750，所以太阳系的质量差不多都集中在太阳上。从空间尺寸来说，太阳和各行星间的距离要比它们本身的大小要大得多。两者一比较，太阳就好比原子核，八大行星就好比绕核旋转的电子。所以原子的核式模型又被称为"微型的太阳系模型"。

图 17　各种微型太阳系模型图

卢瑟福大胆地突破了他的老师汤姆逊的理论的限制，创造性地提出了新的原子结构概念。原子核式结构模型圆满地解释了 α 散射实验：因为原子核很小，原子内部几乎是空的，所以大质量的 α 粒子通过金箔时，它们中的大多数不受阻拦。只有与原子核靠得很近的 α 粒子才会受到核的静电斥力而发生偏转。靠核越近，斥力越大，偏转越厉害。但因原子核很小，能靠近或打中原子核的 α 粒子是很少的，所以在实验中仅能观察到少数 α 粒子发生大角度偏转或直接被弹回来的现象。通过计算得出，发生这种现象的概率约为八千分之一，这与实验结果是一致的。

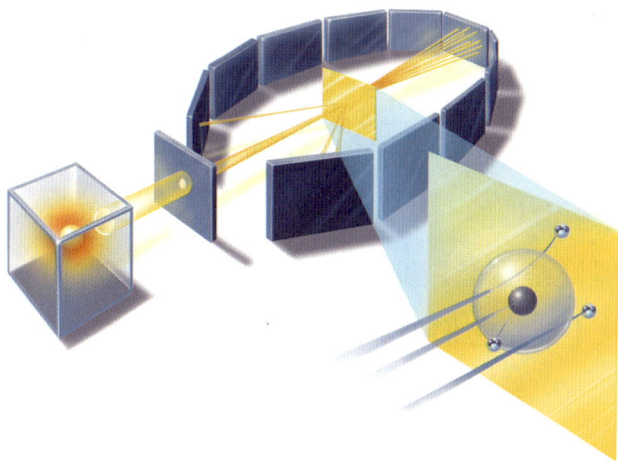

■ 图 18　α 粒子大角度散射的解释

原子有核这一事实后来进一步为科学研究和实践所证实。卢瑟福的这一学说不仅使人们原有的原子观发生了质的变化，而且对核科学的发展也产生了重大的影响。

不过需要指出，卢瑟福的核式结构模型只为人们指出了原子核存在的事实，并没给出原子内部运动的详细状况，它还有待于进一步发展和完善。

原子核式结构理论一问世，就与经典理论发生了强烈的冲突。例如，一个理论问题随之而来：既然电子绕核旋转，它就具有加速度，根据经典电磁理论，做加速运动的带电粒子一定产生电磁辐射，而辐射将使电子能量不断损失，于是它们绕核旋转的半径就越来越小，最后会落到原子核上。据此理论，原子是个不稳定的系统，而事实上原子是非常稳定的。这样一来理论与实际便产生了矛盾。同样，在其他问题上也存在一些很突出的矛盾。

为了解决这些矛盾，丹麦的青年物理学家玻尔在1913年迈出了革命性的一步。他认为，从宏观现象中总结出来的经典理论是否能用来描述微观世界并没有得到实验证实，因此不能将它们强加于原子内部。他借助德国物理学家普朗克的"量子"概念，创造性地提出了原子内部运动规律的著名设想：①绕核旋转的电子都处在一定轨道上，只有处于这些轨道上的电子才是稳定的。每一轨道上的电子都具有一定的能量，这些能量组成了一系列不连续的稳定能态（或叫能级）。能量较高的能态叫激发态，能量较低的能态叫基态。②电子在稳定轨道上运动并不产生辐射，只有当它从一条轨道跳到另一条轨道，或者说从一个能级跳到另一个能级时（这种情况叫"跃迁"）才会产生（或吸收）辐射，辐射的能量等于两个能级的能量之差。

玻尔的假说完满地解释了经典理论无法解释的问题，且不久后也为实验所证实。这说明宏观世界与微观世界有着不同的本质与不同的运动规律，因而宏观理论是不能照搬到微观世界去的。玻尔假说为后来发展起来的描述微观世界运动的理论——量子力学开辟了道路。

卢瑟福发现了原子核，玻尔对核外电子运动作了创造性的解释，二者结合起来便形成了较完整的原子结构模型，所以人们将这样的原子模型称为"卢瑟福－玻尔原子模型"。

原子核理论与后来创立的量子力学理论相结合，成功地解释了元素周期律和元素化学性质的本质。根据这些理论，元素在周期表中的位置并不决定于它的原子量而决定于其原子核所含的正电荷数。在正常状态下，核的正电荷数与核外电子数相等，所以原子呈电中性。在原子中绕核旋转的电子，其轨道是分层的，叫作电子层。每个电子层最多容纳的电子数是固定的：第一层 2 个，第二层 8 个，第三层 18 个，第四层 32 个……如果核外电子层上的电子跑掉了，则丢掉电子的原子就叫离子，离子是带正电的，其带电量不等，因有的离子只丢掉一个电子，有的丢掉两个，有的丢掉三个甚至更多的电子。

元素的化学性质是由组成它的原子的最外层电子决定的，化学反应的实质就是原子中电子状态的改变。如果原子最外层只有一个电子，那么这个电子在化学反应中最容易被丢掉，这种元素的化学性质就很"活泼"，周期表上的碱金属就属此类。如果一个电子壳层被填满了，便叫"满壳层"。最外层都填满了电子的原子，其性质最稳定，周期表上的"惰性气体"就属此类，它们很难与其他元素起化学反应。元素化学性质的周期性变化，实质上是因为原子中电子壳层填充的电子数是呈周期性的。

（二）原子核的大小、质量和电荷

通过 α 散射实验，卢瑟福证实了原子核的存在——它很小，但质量很大且带有正电荷。人们并不满足于对原子核的定性的认识，而是要进一步获得原子核特性的定量知识，这样才能确切地说明原子核在原子中的地位，从而加深对原子结构的认识。

原子核的大小是原子核的一个重要特征，原子核在原子中究竟占有多大空间呢？卢瑟福在 α 散射实验中得出了初步的答案：在实验中被原子核直接弹回来的 α 粒子，可以认为它与原子核发生了"对心碰撞"。α 粒子的电荷是已知的，若测出它的动能，根据对心碰撞规律，便可算出在对心碰撞时 α 粒子和原子核之间的距离。这个距离就是 α 粒子和原子核的半径之和。α 粒子是氦的原子核，由此距离可以粗略地估计出原子核的大小。

卢瑟福通过实验和计算得到金原子核的半径为 3×10^{-15} 米左右，并经过细致的研究证明了各原子核的半径大约在 10^{-14} 米～ 10^{-15} 米之间。如碳原子核的半径是 2.9×10^{-15} 米，铀原子核的半径是 7.8×10^{-15} 米。核物理学上将 10^{-15} 米称为"1 飞米"（1 fm）。一般来说，原子核的半径在 2 飞米～ 8 飞米之间。

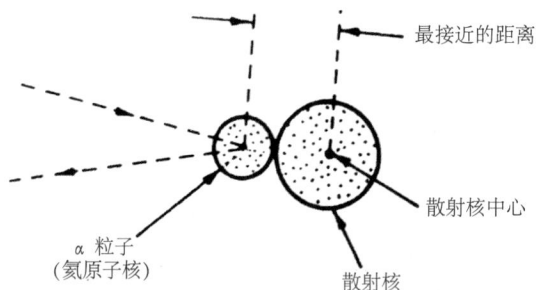

图 19　测量核半径示意图

现可将原子核的大小与整个原子作一比较：原子的平均半径为 $2×10^{-10}$ 米，若取原子核的半径为 $5×10^{-15}$ 米，则两者的比值为 $4×10^{4}$，即原子的半径是核半径的 4 万倍。再按体积算，则原子核只占整个原子体积的 64 万亿分之一。如果把原子比作一个能容纳上万人的大礼堂，那么原子核恐怕就是这礼堂中的一粒小沙子了。可见，原子核与其周围电子之间存在着多么广阔的空间！这就不难理解在 α 散射实验中，为什么绝大多数 α 粒子都能径直穿过金箔而只有极少数发生大角度偏转了。

其次，让我们再来看一下原子核的质量。别看原子核的个头小，可它却几乎集中了原子的全部质量。怎样测得原子核的质量呢？道理也很简单：因为原子是由原子核和核外电子组成的，所以只要用原子的质量减去核外电子的质量便可得到原子核的质量了。因此测量原子核的质量实际可归结为测量原子的质量。人们已陆续发现了一些测量原子质量的方法，如质谱方法和化学方法等，并已对各种原子质量进行过精确的测量。如碳原子的质量为 1.993×10^{-26} 千克，因碳原子中有 6 个电子，已知电子的质量是 9.1×10^{-31} 千克，那么碳原子核的质量就是 1.993×10^{-26} 千克 -9.1×10^{-31} 千克 $\times 6 \approx 1.932 \times 10^{-26}$ 千克。这里我们看到用"千克"作单位时这些数字都太小，它就像用"千米"作单位来测量头发的直径一样既没有必要又麻烦。为解决这个问题，国际上规定用碳 -12 原子质量的 1/12 作为"一个原子质量单位"，并用符号"u"来表示，1 u=1.660540×10^{-27} 千克。采用这个质量单位来表示原子或原子核的质量就方便多了。如氢的相对原子质量是 1.00794，氧的相对原子质量是 15.9994，银的相对原子质量是 107.868 等。这里要注意的是："相对原子质量"这个概念是一个原子的质量与"一个原子质量单位 (u)"的比值，是无量纲的量。因此，只要知道了一种元素的相对原子质量也就等于知道它的实际质量了。

由于电子的质量非常小，所以原子核的质量占整个原子质量的 99.99%，因此用原子质量单位来表示的各种原子核的质量都非常接近于一个整数，这个整数就叫作原子核的"质量数"。例如氢原子核的质量数是 1，碳 -12 的原子核的质量数是 12，铀 -238 的原子核的质量数是 238，等等。

原子核的电荷数是原子核的另一个重要特征。由于原子本身呈电中性，所以原子核周围的电子数目必然和原子核所带的正电荷数相等。原子核的正电荷数决定了核外电子数，也决定了该元素在周期表中的原子序数（位置），也就是说：一种元素的原子核的正电荷数等于它的原子序数。如金的原子序数是 79，则它的核电荷数也是 79，即原子核带有 79 个单位正电荷。1 个单位正电荷的电量是 1.6×10^{-19} 库，因此金原子的原子核的电量就是 $79 \times 1.6 \times 10^{-19}$ 库 $\approx 1.26 \times 10^{-17}$ 库。原子的核电荷数决定了该原子属于哪种元素。例如核电荷数是 1 的元素一定是氢，核电荷数是 6 的一定是碳，核电荷数是 92 的一定是铀，如此等等。

核电荷数和核质量数是体现原子核基本特征的两个物理量，知道这两个量就可以确定一种原子核。在国际上早已使用一些标准符号来代表元素了，如 H 代表氢，He 是氦，C 是碳，O 是氧，Si 是硅，Fe 是铁，等等。如果已知一个原子的原子核的电荷数为 6，核质量数为 12，则此原子核一定是碳 -12 的核，用符号表示为 $^{12}_{6}$C，其左下角注表示核电荷数，左上角注表示核的质量数。其他如 $^{16}_{8}$O 表示氧 -16 的核，$^{238}_{92}$U 表示铀 -238 的核，等等。这种表示方法既简单又明确。

（三）原子核也可分割

当今人类智慧的利剑已刺破原子的防线而触及原子核，并且已对它有了初步的认识。原子核位于原子的中心，它几乎主宰了整个原子。与认识原子相似，人们自然会问：原子核又是什么？它是实心球体吗？它能否再分割？它有哪些组成成分？它的结构又是怎样的？……自然科学就是在解决这一个个问题的过程中将人类对世界的认识一步步推向更深的层次。

贝克勒尔发现了放射性，这是现代科学史上的一个重大发现，是一个划时代的里程碑。它不仅告诉人们原子可以分割，而且在科学家们对放射性作了深入研究之后，证明放射性来自原子核的内部。例如 γ 射线是能量极高的电磁波，镭放射出的 γ 射线能量高达几十万电子伏，这种射线不可能是核外电子跃迁的结果，因为核外电子跃迁只能放出几个电子伏的辐射；β 射线是高速电子流，这些电子也不是来自核外，因为核外电子的能量只有 β 射线的十万分之一；α 粒子是高速运动的氦原子核并带有两个正电荷，它更不可能由核外电子转变而来。因此 α、β、γ 射线只能是原子核分割、变化的产物。α、β、γ 射线的真相大白之日便告知了人们：原子核是可分的。在那片天地里别有一番洞天。

科学史上，某种自然现象的发现和与其相应的科学理论的建立常常不是同步的。在讨论原子核结构的时候，为了了解研究过程的始末，让我们再回到卢瑟福尚未发现原子核的年代去。尽管那时原子核的成员有的已经露面了，但人们却还未能认识它。就在 1886 年，德国物理学家戈德斯坦在研究阴极射线的时候，便发现了一种新的射线，它在磁场中的偏转方向与阴极射线相反，遗憾的是，当时他没有给予重视，也没有去深入研究。直到 1897 年，汤姆逊测出了这种粒子的电荷数和质量数，并发现它与最轻的元素——氢的原子核是相同的。由于它在磁场中的偏转方向与阴极射线相反，所以称它为"阳射线"或"正射线"。后来卢瑟福用实验证实"阳射线"的粒子就是核外仅有一个电子的氢原子核。它带的电荷与核外电子的大小相等但符号相反。他将这个最小的原子核定名为"质子"。但为什么质子带有单位正电荷而其质量却比带有单位负电荷的电子大 1836 倍，这还是个谜。

质子与原子核结构有什么关系呢？

1919 年，卢瑟福又起用老"侦察员"α 粒子去执行新的任务——轰击原子核，以期获得原子核内部的信息。他的实验装置如图 20 所示：在金属箱中放一个 α 粒子源

A，S 为一个荧光屏，M 是一个观察显微镜。调节箱内气压以及 A 和 S 间的距离，使 α 粒子打不到 S 屏上，这样若在荧光屏上出现闪烁就证实不是 α 粒子引起的。卢瑟福用不同的气体充入箱中，观察 α 粒子轰击它们后产生的现象。当箱中充入氮气时，他在 S 屏上看到了闪烁；而当充入二氧化碳气体时，闪烁立即消失。他通过反复观察和分析，认为荧光屏上的闪烁是 α 粒子撞击氮原子核后产生的新粒子打在荧光屏上的结果。为了证实这个结论，卢瑟福将这种新粒子引入电磁场中，测量它的电荷和质量，结果发现这种新粒子原来就是氢的原子核，又叫作质子，通常用符号 $_1^1H$ 或 p 表示。这个实验结果表明氮原子核被 α 粒子打出了一个质子。这个变化过程可以用下面的核反应方程来表示：

$$_7^{14}N + _2^4He \rightarrow _8^{17}O + p(_1^1H)$$

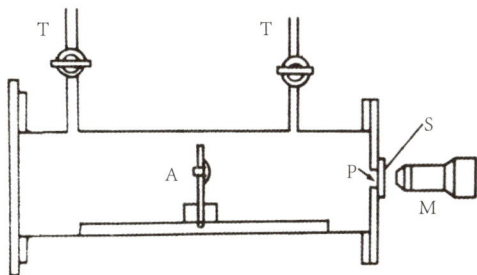

■ 图 20　测定质子的实验装置图

　　式中 p 表示质子。该实验确凿地证明了氮原子核中含有质子。后来，人们用同样的方法从氟、钠、铝等原子的原子核里也打出了质子。由于从各种原子核里都能打出质子，可见质子是原子核的组成成分。

　　质子是原子核的成员的事实，为正确地解释原子核结构提供了新的、宝贵的资料。那么，质子是否是组成原子核的唯一粒子呢？对最简单的氢原子来说，它的原子核就是一个质子，核的电荷数和质量数都是 1，这是正确的。但除氢之外，其他任何元素的原子核的电荷数和质量数都不相等。如氦核，它的电荷数是 2，而质量数是 4，那么它是由 2 个质子组成还是由 4 个质子组成呢？这样的矛盾随着原子核质量数的增加越为突出。如 ^{238}U，它的原子序数是 92，即它的原子核中应有 92 个质子，而它的质量数是 238，难道核中有 238 个质子？这一系列矛盾的出现，证明了只由质子组成原子核的设想是不能成立的。那么，应如何解释这个问题呢？

α 粒子　　氮核　　　　　　　氧核　　质子
（氦核）　　　　　　　　　　　　　（氢核）

图 21　　α 粒子与氮的核反应过程

　　人们从 β 射线中得到了启发，既然 β 射线是从原子核内发射出来的高速电子流，这是否意味着原子核中含有电子呢？如果真如此，上面说的矛盾就不难解决了。如氦核可以认为是由4个质子和2个电子组成的，这样核中就有4个单位正电荷和2个单位负电荷，正、负电荷相抵消后，核的电荷数是2，质量数还是4，因为电子的质量很小，可忽略它对原子核质量的影响。再看^{238}U核，它是由238个质子和146个电子组成的，两者之差为92，正好是它的电荷数。这样一来矛盾似乎都解决了。这一认为原子核是由质子和电子组成的学说，被称为"质子－电子说"。

　　质子－电子说除了解释电荷数和质量数的矛盾之外，还能解释其他一些原子核现象。如同位素现象即为一例。所谓"同位素"，就是原子核的电荷数相同而质量数不同的元素，它们在周期表中占有同一个位置，即具有相同的原子序数。如氘（读dāo，记为D或^{2}H)和氚（读chuān，记为T或^{3}H)都是氢的同位素。氘核的电荷数为1，质量数为2；氚核的电荷数为1，质量数为3。^{235}U和^{238}U也是同位素，它们的核电荷数都是92。根据质子－电子说，氢的原子核里含有1个质子，氘核中含有2个质子和1个电子，氚核则含有3个质子和2个电子。^{235}U和^{238}U也可以同样解释。

　　许多放射性现象和核反应都可用质子－电子学说来解

释。这表明这一学说取得了很大成功，因此在很长一段时间内被人们接受。

但科学是尊重事实的，错误的东西终归是站不住脚的，哪怕是微小的漏洞也会造成"千里之堤，溃于蚁穴"的结局。质子－电子说尽管风行一时，暂时解释了一些现象，但它不是真理而是谬误，因此它迟早会碰壁。

麻烦的事果然来了。我们曾将原子结构比喻为微型太阳系。在太阳系中，行星在绕太阳公转的同时又在自转，自转是有方向的。如地球是自西向东转，所以我们看到太阳东升西落。描述微观世界的量子力学也认为电子在绕原子核旋转的同时自身也在旋转，它的旋转同样有方向（左旋或右旋）。描述微观粒子这一运动特性的物理量就叫"自旋"。组成原子核的粒子也在旋转，也有"自旋"。质子和电子的自旋值均为 $1/2$，反方向的自旋就是 $-1/2$，质子和电子在组成原子核时，它们各自的自旋是保持不变的，因此原子核的总自旋值应等于组成它的所有粒子的自旋值之和，并遵循一条规律：无论正、负自旋怎样组合，若组成原子核的粒子数是偶数，则原子核的总自旋值是零或整数；若组成原子核的粒子数是奇数，则原子核的总自旋值就是分数。因此只要测得原子核的总自旋值，就可推知组成该原子核的粒子数是奇数还是偶数。质子－电子说正是在核自旋问题上露出了破绽。一个有说服力的例证是：精确测得 ^{14}N 的核自旋值是 1，这说明组成氮核的粒子数应是偶数。然而根据质子－电子学说，^{14}N 是由 14 个质子和 7 个电子组成的，因此它含有 21 个粒子，而"21"是个奇数！这样一来，量子理论与实验结果便产生了矛盾。众所周知，量子理论是经过实验检验的，^{14}N 的自旋值又是通过科学实验测量的，它们都无可置疑。质子－电子学说在此碰到的矛盾不能不使人们重新考虑它的科学性了。产生矛盾的原因究竟出在哪里呢？

（四）一枝红杏——中子的发现

"应怜屐齿印苍苔，小扣柴扉久不开。

春色满园关不住，一枝红杏出墙来。"

1920 年卢瑟福就质子－电子说在新的事实面前出现的矛盾提出了一种看法，他认为质子－电子说的问题在于把质子和电子都看作独立的粒子存在于原子核中，然而在原子核那样狭小的空间里，它们会不会互相吸引而复合成一个中性粒子呢？如果是这样，则中性粒子的质量应与质子的质量大体相等。这样，氮原子核中的粒子数就可能因 7 个质子和 7 个电子复合成 7 个中性粒子而使得总粒子数由 21 个减为 14 个了。"14"是个偶数，这便与实验结果一致了，难办的 ^{14}N 的核自旋问题就迎刃而解了。

可是看法毕竟是看法，它是否反映客观实际还得靠实验来证实。

于是核科学家们又开始寻找这种中性粒子。

1930 年，德国的博特和贝克在一次用 α 粒子轰击铍块的实验中，发现铍板上发射出一种穿透力很强且不受电磁场影响的射线。这是什么射线呢？遗憾的是，他们未能突破已有认识的局限，误认为它是 γ 射线。1932 年，约里奥·居里夫妇（皮埃尔·居里夫妇的女婿和女儿）在用

α 粒子轰击铍时又发现，从距 α 源较远、为 α 粒子所达不到的石蜡中放出了质子。这些质子既然不是 α 粒子打出来的，那么是什么东西打出来的呢？他们用电磁法测量后证实：在铍和石蜡之间不存在带电粒子。于是他们认为铍中的质子是被 γ 射线打出来的。很可惜，约里奥夫妇也未能迈出决定性的一步，错过了一个抓之在即的重大发现。

此消息传到英吉利海峡对岸的英国，卢瑟福一个具有敏锐观察力的学生查德威克对这种辐射是否是 γ 射线产生了怀疑。他采用多种方式对它进行反复、仔细的研究。通过对实验结果的分析，他认为这种辐射不可能是 γ 辐射。因为 γ 辐射根本不具备将质子从原子核里打出去所需的动量，只有具有相当大质量的粒子才能做到这一点。他还测出这种中性粒子的速度只有光速的 1/10。在实验和理论分析的基础上，查德威克很快意识到，这种中性粒子必定是卢瑟福在 12 年前所

■ 图 22　查德威克

预言的质子和电子的复合体。查德威克沿用美国化学家哈金斯给它起的名字，叫它为"中子"。

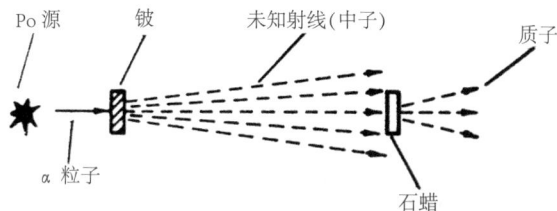

■ 图 23　发现中子的实验装置图

查德威克进一步测定了中子的质量。他利用放射性Po 放出的 α 粒子轰击铍，铍放出的中子再打到靶上，靶原子核发生反冲。根据碰撞前后的动量守恒和动能守恒定律，再测得靶原子核反冲的速度，就可以求得入射中子的质量。通过测量和计算，查德威克得出中子质量几乎等于氢核（质子）质量的结论。

在查德威克发现中子之后，其他许多核物理实验都相继证明了中子的存在。于是对中子特性的研究立即又成为核物理学家们的热门课题了。研究结果表明，中子是一种单独存在的粒子，不能将它视为质子和电子的复合体。不过卢瑟福关于质子－电子复合体的设想对中子的发现有着巨大的理论指导意义。这也说明科学的预言在科学发展中起着重大的作用。

根据现代科学的精确测量，中子的质量 $m_n = 1.008665\,u$，

质子的质量 m_p=1.007825 u，m_n 比 m_p 稍大一些，查德威克的测量结果与此相符。中子和质子的质量数都是 1。

　　中子的发现是核科学史上又一个新的里程碑，它的发现为核物理学开辟了一个新纪元。它不仅使人们对原子核的组成有了正确的认识，而且也为人工变革原子核提供了一种很有效的手段。对中子与物质作用的研究进一步促进了核科学和核技术的发展。特别是在核能的应用上，中子的发现具有决定性的意义。

　　由于发现中子这一重大贡献，1935 年，查德威克被授予诺贝尔物理学奖。

（五）原子核的真面目

中子的发现振奋了核物理学界，人们对原子核结构的认识又一次产生了质的飞跃。在这个发现的启示下，苏联的伊凡宁柯和德国的海森堡马上各自独立地提出了原子核结构的新观点。他们认为原子核不是由质子和电子组成的，而是由质子和中子组成的。一个质量数为 A 的原子核，它含有 Z 个质子，则该原子核所带的正电荷数即为 Z，那么 $A-Z=N$ 就是核内的中子数。换句话说，中子数和质子数之和就等于原子核的质量数。由于中子和质子构成原子核，所以它们又统称为"核子"。原子核的质量数就是原子核内所含核子的总数。

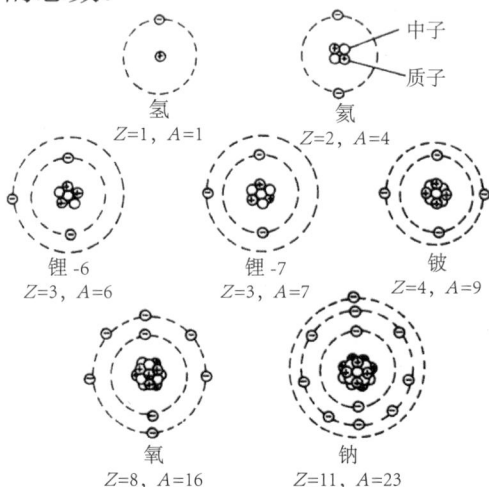

中子
质子

氢
$Z=1$, $A=1$

氦
$Z=2$, $A=4$

锂 -6
$Z=3$, $A=6$

锂 -7
$Z=3$, $A=7$

铍
$Z=4$, $A=9$

氧
$Z=8$, $A=16$

钠
$Z=11$, $A=23$

■ 图 24　原子的结构图

中子和质子构成原子核的理论大大澄清了人们关于原子结构的模糊认识，而且也清除了长期以来在原子核结构问题上的团团疑云。它不但成功地解释了原子核结构问题上存在的许多矛盾，而且经受住了实践的考验，因此得到了人们的公认。直到如今，"中子和质子构成原子核"的观点仍被认为是正确的。

目前人们已经认识了将近3000种各不相同的原子核，其中有近300种是天然存在的，有2600种以上是人工核转变产生的。这些具有不同质子数和不同中子数的原子核被统称为"核素"。为方便计，通常用符号$^A_Z X$来表示它们，X代表某一核素，左上角的A代表它的质量数，即它含有的核子总数；左下角的Z代表它的电荷数，即它所含的质子数；$A-Z=N$就是它所含的中子数。例如$^4_2 He$代表氦-4原子核，其质量数是4（$A=4$），即它含有4个核子，其中2个是质子（$Z=2$），2个是中子（$A-Z=2$），再如$^{238}_{92} U$代表铀-238核，它含有92个质子（$Z=92$）和146个中子（$A-Z=238-92=146$），总核子数为238个。其他原子核也可按此类推。

根据中子－质子学说，前面说过的质子－电子学说无法解释的^{14}N的自旋问题就迎刃而解了。因为中子的自旋值也是$1/2$，^{14}N共有14个核子，14是偶数，故各核子的自旋通过适当组合得到整数是可能的。同位素现象也可由中子－质子学说得到合理的解释。一种元素之所以存在同位素，是因为那些原子的原子核中含有相同数目的质子但有不同数目的中子。如氢有三种同位素：^1H、^2H（氘或 D）和 ^3H（氚或 T）。^1H 核中只有 1 个质子，D 核中除有 1 个质子外还含有 1 个中子，T 核中除 1 个质子外还含有 2 个中子。铀的两种同位素的核中都含有 92 个质子，但 ^{238}U 中有 146 个中子，而 ^{235}U 中只有 143 个中子。所以同位素又可称为原子核中质子数相同而中子数不同的元素。大多数元素都有好多种同位素。一种元素的不同种同位素在化学性质上是一样的，但它们的物理性质却不相同。现在人们已将各种元素的同位素制成了表，要想知道某种元素有哪些同位素，可以去查同位素表。

中子－质子学说还可以解释其他核现象，这在后面将会谈到。

后来人们又认识到中子和质子在性质上是颇为相似的粒子，它们在一定条件下可以相互转化。在原子核中，若中子变成质子，便会放出一个电子，这就是 β^- 衰变，原子核中就增加一个质子；若质子变成中子，则放出一个正电子（它带一个单位正电荷，质量与电子相等），这就是 β^+ 衰变，于是原子核中就少了一个质子。

质子和中子构成原子核，但原子核和原子在结构上有很大差别。在原子核内，质子和中子是拥挤在一起的，它们不像原子核和其周围的电子之间有广阔的空间。原子核这个窄小的天地是一个"不平静的动乱世界"，中子和质子都处在永无休止的运动和变化之中。研究发现，原子核中的核子也处于不连续的能级中，在能级间也能发生"跃迁"。如果所有核子都处于它们最低的能级，则这个原子核就处于基态；如果有些核子处于一些能量较高的能级，则原子核就处于激发态。原子核从较高的能级跃迁到较低的能级就辐射出 γ 射线，这种 γ 辐射当然要比核外电子跃迁时辐射的能量大得多。

中子和质子组成原子核的学说已不断为实践所证实，而且自由中子已经被发现。这说明这一学说反映了原子核结构的真实面貌。但是另一方面又引出了新的问题。因为除氢原子外，所有其他原子核都含有两个以上的质子，少则几个，多则数十。那么多带正电的质子挤在原子核那样狭小的空间内，它们为什么能"和平共处"而不飞散呢？那一定是有一种比静电斥力更大的力将它们拉拢在一起，这个力就叫核力。

核力的探讨是个非常复杂、困难的问题，直到目前也还没有研究清楚。但核力有几种特性是大家所共识的：①核力是短程力，其作用力程大约是 10^{-15} 米，超过了这个范围它就几乎不起作用了。②核力作用要比电磁作用强大得多，前者约为后者的130多倍，因此在核力作用范围内它足以克服质子间的静电斥力而将它们束缚在一起。③核力与电荷无关。即不论是质子－质子、质子－中子或中子－中子之间都具有相同的核力。④核力具有饱和性。即每一个核子只同相邻的几个核子有相互作用的核力，而不是和原子核内的所有核子有作用。

至此，我们可以用几句话来大致描述一下物质结构的面貌：一切物质都是由很小的物质微粒——原子组成的。原子又是由位于其中心的原子核和绕核旋转的电子构成的。而原子核则由更小的粒子——质子和中子所组成。原子核内的质子数即原子核所带的正电荷数与核外电子数相等。质子数和中子数之和就是原子核的质量数。在原子核内各核子是靠核力相互束缚在一起的。

这虽是几句简单的结论，但却是许多代人共同建起的一座巍峨的科学大厦！我们应该记住那些为建筑这座大厦而呕心沥血的先驱们。

需要指出的是，认识原子核的任务并没有完成，也可以说现在人们对原子核的认识还是肤浅的。原子核是个复杂的体系，它的内部运动规律、核子间的相互作用和相互关系、核力的本质等一系列问题，现在有的只是一知半解，有的还是个谜。为了解释一些核现象和一些实验事实，人们提出了若干"核模型"来描述原子核的运动和性质，这些模型基本上都是从某一侧面反映原子核，每种模型只能解释一定范围内的事实和现象，因此都有很大的局限性。例如，"液滴模型"认为原子核像一个液滴，核子好比液滴中的分子。这种模型解释了核力的饱和性和原子核的不可压缩性。"壳模型"又认为原子核的结构跟原子具有电子壳层的结构相似，即其中的核子也分别处于一些不同的能级上，一些核子占据一个或几个能量大小相近的能级，形成核壳层。壳模型能够解释原子核中存在"幻数"的现象。此外还有气体模型、集体模型等。但到目前为止还没有哪一种模型或理论能够解释全部实验事实和反映所有的核现象。这说明我们现在对原子核本质的认识还很不够，未来的研究工作仍然任重而道远。

（六）原子核衰变和现代"炼金术"

自从人们发现放射性并认识了三种射线的本质后，就知道在自然界有些元素（如铀）的原子核会自发地发生变化，并在变化过程中放出射线（或叫辐射），原子核的这种变化叫"核衰变"。能够自发衰变的元素称为天然放射性元素，这些元素的原子核是不稳定的。原子核发生自发衰变的特点是它不需要外界条件的作用或刺激，也不受外界条件的干扰，如环境、温度、压力及其所处的化学状态等的变化，都不会对它产生影响。这是因为这一过程是在原子核内发生的，普通的外界条件是无法对原子核发生作用的。核衰变是核世界中的重要现象。一种原子核发生了衰变，它就从一种元素变成了另一种元素。例如在研究镭射线的本质时，卢瑟福等人发现，镭在衰变后变成了新的元素氡和氦。核衰变转化成新元素的事实后来为更多的实验所证实。千百年来炼金术士们企图将一种物质变成另一种物质（他们是想将"贱"金属炼成黄金）的梦想原来在自然界早就存在了，只不过当时他们没有把握物质结构的本质，更没有实现这种梦想的手段，所以一切努力只能是徒劳。

天然放射性元素的衰变形式是多种多样的，但并不都能同时放出三种射线，有的只能放出一种，有的能放出两种。放出 α 射线的叫 α 衰变，一个原子核如果发生 α 衰变（即放出一个氦核），衰变后原子核的质量数减少 4 个单位，核中的质子数（即正电荷数，也即原子序数）减少 2 个单位，这时这种元素就变成了周期表中在它前面两格的那种元素。如镭在周期表中是第 88 号元素，它在 α 衰变后则变成了第 86 号元素氡。用一个衰变方程表示，即为：

$$^{226}_{88}\text{Ra} \longrightarrow {}^{222}_{86}\text{Rn} + {}^{4}_{2}\text{He （α）}$$

能进行 α 衰变的天然放射性元素大多数属于原子序数大于 82 的核素，这是由于原子核中带正电的质子相互间有静电斥力，较重的原子核质子较多，静电斥力较大，原子核就相对松散不稳定，因此常常放出 α 粒子来缓和矛盾。有的原子核衰变后其新核仍不稳定，则会继续衰变直到稳定为止，从而形成一个核衰变系列。

放出 β 射线的衰变叫 β 衰变。元素发生 β 衰变时，其原子核有几种转变情形：一种是放出一个电子的，叫 β⁻衰变；另一种是放出一个正电子的，叫 β⁺衰变；第三种是"轨道电子俘获"，即原子核从绕其旋转的就近轨道上的电子中俘获了一个电子。原子核在 β 衰变后也变成了另一种元素：元素在 β⁻衰变后原子核电荷数增加 1 变成了它在周期表中后一格的元素；而在 β^+ 衰变和"轨道电子俘获"后，原子核的电荷数都减少 1，即变成了它在周期表中前一格的元素。

放射性元素发生 α 或 β 衰变时往往伴发 γ 衰变，γ 衰变时只是原子核的能量发生变化，而它的质量数和电荷数都不变，所以在发生 γ 衰变时，元素在元素周期表中的位置不变。原子核的自发裂变也是一种衰变形式，如铀原子核能自发分裂成两个质量大体相等的较轻的原子核。

各种放射性元素衰变的一个重要特征是衰变的速度，此速度用"半衰期"或"寿命"来表述，它是指放射性原子核的数目因衰变而减少到原来的一半所经历的时间。例如铋 -210 的半衰期是 5 天，假设开始时有 10 克铋 -210，经过 5 天它就衰变掉了 5 克，还剩 5 克；再经过 5 天就只剩下 2.5 克了。不同的放射性元素，其半衰期差别非常大，有的很短，有的却简直是"长生不老"。如铀 -238 的半衰期是 44.68 亿年，锶 -90 为 28 年，钴 -60 为 5.3 年，钋 -212 为 3×10^{-7} 秒。

天然放射性的发现为人们提供了在大自然中一种物质可以变成另一种物质的证据。在原子核衰变这种自然现象面前人们提出了一个问题，即用人工的方法是否能够实现原子核的转变，使一种物质变成另一种物质呢？这是一个大胆而顺理成章的设想。经过核物理学家的科学实践，答案是肯定的。用人工方法首先实现一种元素变成另一种元素的人还是卢瑟福。1919 年，他在实验室里用钋-214 原子核放出的 α 粒子轰击氮-14 的原子核，发现氮在 α 粒子轰击下变成了氧-17 和一个质子。

这个实验证实用人工的方法可以做到将一种元素转变成另一种元素。这就是现代的"炼金术"，它使千百年来炼金术士们的梦想变成活生生的现实。不过现代"炼金术"的成就已远远超过古代"炼金术"的含意了。过去几十年里人工生产了许多人造元素，这些元素的价值是黄金无法相比的。

原子核因受外来因素的作用（包括人工方法）引起的核结构变化叫原子核反应。

自从卢瑟福实现了人工核反应以来，核反应的研究就如火如荼地发展起来了。进行这种研究，一是需要"靶核"，二是需要"炮弹"（轰击粒子）。卢瑟福的实验中，靶核是 ^{14}N，炮弹是 α 粒子。

天然放射性放出的 α 粒子能量虽然也不小，但用在核反应中就很不够了，没有更高能量的"炮弹"，有些原子核是打不破的。后来人工生产出各种高能"核炮弹"，实现了各种各样的核反应。

　　带电粒子是一种核炮弹，它除去 α 粒子外，还有质子、
氚核和其他原子核。这些带电粒子被放在一种"加速器"
中加速到高能，然后再被引出来去打靶。所谓加速器，就
是利用带电粒子在电场作用下速度提高的原理设计出的加
速粒子的装置，它相当于发射粒子的大炮。根据原理和技
术的不同，加速器现已有许多种类，如静电加速器、回旋
加速器、电子感应加速器、质子同步加速器、离子直线加
速器、高能对撞机等等。利用这些不同类型的加速器可以
加速从质子到铀核的各种各样的带电粒子。被加速的粒子
其能量之高，不但可以打破原子核，而且已经可以用来制
造"基本粒子"了。

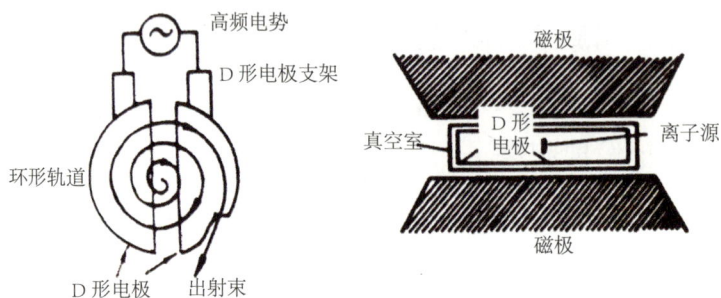

图 25　回旋加速器

　　另一种核炮弹就是中子。由于中子不带电，它与原子
核之间没有静电排斥，因此容易打入原子核引起核反应。
产生中子的设备叫中子源，它是利用核衰变来产生中子的。

后来发明了核反应堆，它是强大的中子源。加速器也可以用来产生中子。

除了带电粒子、中子可作为炮弹外，其他如高能电子、高能光子和宇宙线也都可用来轰击原子核引起核反应。

现在人们利用核反应已生产出两千多种核素，这些核素在自然界是不存在的，也有很多是放射性的，这些人造放射性核素已广泛应用于工业、农业、医疗卫生、国防和科研等部门。

■ 图 26 1964 年 10 月 16 日，我国第一颗原子弹爆炸试验成功

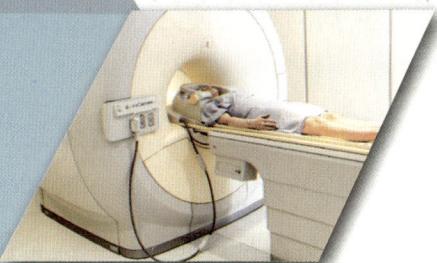

四、原子的巨大威力

（一）原子核是能量的宝库

原子核本质的揭示给人类带来巨大的利益，这是当时的一些核科学家所没有料到的。人类得益的一个主要方面是核能的应用。

核能俗称原子能，它是一种崭新而强大的能源。今天，人类已部分地征服了核能。可以预料，核能的进一步开发和应用必将使人类创造更高度的文明，彻底地改变我们在地球上的生活。

在放射性被发现的初期，科学家们已经认识到放射性现象伴随着能量的释放，因为放射性元素放出的 α、β 射线都是高速运动的粒子流，它们带有很大的动能，γ 射线则是能量极高的光子，这意味着原子核内蕴藏着巨大的能量。后来，在人工核反应中也观察到原子核的释能现象。这些核能如果用人工控制的办法使之释放出来，就会成为可供应用的强大能源。

原子核内蕴藏巨大能量的事实，在 20 世纪初从另一个角度也得到了合理的解释。1905 年，伟大的科学家爱因斯坦创立了相对论学说，这是一个划时代的理论。在这个学说中，物质的"质量"和"能量"被认为是物质存在的两种形式，这两种物质形式并不彼此孤立而是相互联系的，即任何具有一定质量的物质都具有一定的能量，如果一个物质的质量减少了，则必有相应的能量放出，这就叫"质能相当原理"。由此原理还导出了著名的质能关系式：$E=mc^2$。

图 27　爱因斯坦

式中 E 代表物质具有的能量；m 代表它的质量；$c=3\times10^8$ 米／秒，为真空中的光速。这个方程表明，物质的能量和它的质量成正比。如果一个物体的能量改变了 ΔE，则它的质量就相应地改变 Δm，而且 $\Delta E=\Delta mc^2$，反过来也一样。利用质能关系式很容易算出，任何 1 克物质都含有 9×10^{13} 焦耳的能量，可见微小的质量却对应着巨大的能量。因此可以合乎逻辑地推理：几乎集中整个原子的质量于狭小空间的原子核其内必然储存着丰富的能量，它是一座能量的宝库。科学实践完全证实了爱因斯坦理论的正确性。核能释放现象在自然界就存在着——放射性物质在衰变的同时就放出能量。但放射性物质衰变的释能速度太慢，就像一个大水库一滴滴地放水就不能用来发电一样，因此要想更多地释放核能还须另寻打开这个能量宝库

的办法。

在原子核、质子和中子被发现以后，人们反复测量它们的质量，结果发现，原子核有"质量亏损"现象，即每个原子核的质量总是小于组成它的核子的质量之和，减少的质量就叫"质量亏损"。例如氦原子核是由 2 个质子和 2 个中子组成的，每个质子的质量 m_p=1.007825 u，每个中子的质量 m_n=1.008665 u，那么 2 个质子和 2 个中子的质量和为 4.031884 u，可是氦原子核的质量却是 4.001509 u，可见 2 个质子和 2 个中子在组成氦原子核时"质量亏损"了 4.031884 u-4.001509 u=0.030375 u。这一现象用经典理论是无法解释的，但爱因斯坦的质能相当原理给出了明确的解释——这一质量亏损是质子、中子在组成氦原子核时以能量的形式释放出来了，利用 $\Delta E = \Delta mc^2$ 的公式可以算出释放的能量 ΔE 为 28.375 兆电子伏（1 电子伏 =1.602×10^{-19} 焦耳）。

所有原子核都有质量亏损现象，这就是说单个的核子在结合成原子核时总是要放出能量的（反之，要将原子核分解成单个的核子也必须予以同样的能量），这种能量称为原子核的"结合能"，即核能。原子核的结合能是很大的，如果用某种方法将结合能释放出来，就可以得到核能。

不同原子核的结合能是不同的。为便于比较，人们引入了"平均结合能"概念，它能直观地反映组成原子核的每个核子平均释放的能量。所谓平均结合能（用 $\bar{E}_0$ 表示，）就是原子核的结合能 ΔE 除以组成它的核子总数 A 所得的商即 $\bar{E}_0 = \Delta E/A$，$\bar{E}_0$ 越大的原子核在形成时放出的能量越多，原子核也越稳定。如果用 $\bar{E}_0$ 作纵坐标，用质量数 A 作横坐标，可以画出原子核的平均结合能曲线。该曲线能使人一目了然地看出平均结合能随核质量数的变化。平均结合能曲线表示出这样的规律：质量数较小的轻原子核和质量数较大的重原子核，它们的平均结合能都比较小，而中等质量的原子核其平均结合能则比较大，$A=50 \sim 60$ 的原子核的平均结合能最大，约为 8.6 兆电子伏，所以这些原子核特别稳定。

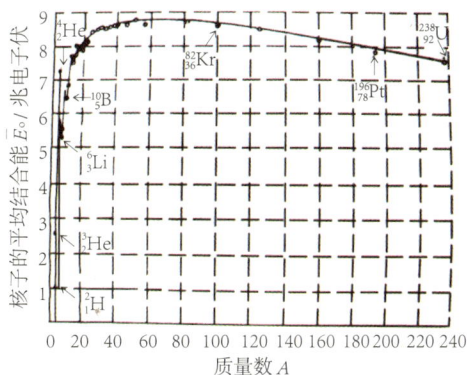

图 28　平均结合能曲线

对原子核结合能的研究使人找到了释放核能的窍门：

任何原子核如果向平均结合能增长的方向变化，就会放出能量。从平均结合能曲线上可以看出有两种方法能释放核能：一种是将重的原子核分裂成中等质量的原子核，这种核变化过程叫原子核的裂变反应，简称"核裂变"。另一种是将轻的原子核聚合成较重的原子核，这种核变化过程叫原子核的聚变反应，简称"核聚变"。不管是核裂变还是核聚变都会放出大量的核能。现在的核能开发和利用正是采用这两种方法。

为使读者对核能的巨大有个明确的概念，我们将它与化学能作一个简单比较：如煤在燃烧时是 1 个碳原子与 2 个氧原子结合成一个二氧化碳分子，这是化学反应，反应过程中释放的能量是 4.1 电子伏。而一个铀原子核在裂变时放出约 200 兆电子伏的能量。两者相比，后者比前者要大几百万倍。

（二）原子弹和核反应堆

1938 年，德国物理学家哈恩发现了铀的原子核在中子的轰击下分裂成两块中等质量的新原子核（这就是铀原子核裂变）并放出能量。利用质能关系可以算出，1 千克铀如果全部裂变，它放出的能量约相当于 2800 吨标准煤完全燃烧所放出的能量。铀核的裂变有一个很有意义的特性——在核分裂的同时还放出两三个中子。这些第二代的中子又引起别的铀核分裂放出第三代中子，第三代中子又引起更多的铀核裂变。如此蔓延下去，铀核的裂变就像雪崩一样持续地进行，形成所谓的"链式核反应"，这一过程所用的时间是很短的，如果不加以控制，链式反应就会在极短时间内放出大量的核能，形成核爆炸。这正是原子弹所依据的原理。

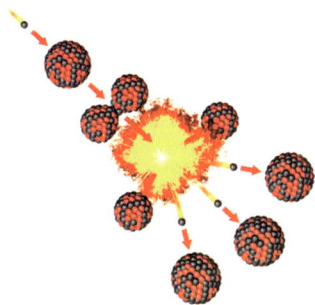

图 29　链式核反应模式

　　当第二次世界大战战事正酣之时，美国就在绝密的情况下从事空前的大炸弹——原子弹的研制。1945 年，美国造出了三颗原子弹。当年 7 月 16 日在新墨西哥州的沙漠里成功地爆炸了第一颗原子弹。此后核战争的恐怖一直笼罩着全人类。据当时目击爆炸的人描述，没有人看到原子弹爆炸的第一道闪光，只看到天空和山丘反射出炫目的白光，一个刺目的火球越变越大，整个周围地区被数倍于正午太阳的亮光照亮，爆炸地点上空升起了一团巨大的蘑菇云。爆后 30 秒，风暴向人们和物体袭来，接着是强烈、持续的吼声，大地在颤动。这就是原子弹爆炸的景象。就在第一颗原子弹试验成功后的第 20 天，即 1945 年 8 月 6 日，美国将第二颗原子弹投在日本的广岛，伤亡 14 万人。8 月 9 日第三颗原子弹落在长崎，炸毁该市 44% 的地区，约有 10 万人伤亡。

　　这是人类首次将核武器用于战争。这两颗原子弹的爆炸科学地证明了原子核内的确蕴藏着极大的能量，而且通过核裂变方式可以将它释放出来。

　　原子弹的资料早已解密了，它的外形与普通的重磅炸弹相似，是由高浓缩的裂变物质（^{235}U 或 ^{239}Pu）和复杂的引爆系统构成的。^{235}U 和 ^{239}Pu 这类裂变物质不是在任何情况下都会爆炸的，只有当它们的质量超过一定的"临界质量"才会发生爆炸。在有良好反射层时，^{235}U 和 ^{239}Pu 的临界质量大约分别为十几千克和 5 千克～8 千克。

根据引爆机制的不同，原子弹可分为两种：

（1）"枪"型原子弹

如图 30 所示，在这种原子弹中，一块圆球状铀块 A 固定在"炮筒"装置的一端，另一圆柱状的铀块 B 放在"炮筒"的另一端。这两块铀块的质量都小于临界质量。引爆时，借助于烈性炸药的爆炸沿导槽将 B 和 A 挤压到一起以达到超临界质量，在弹内中子源的作用下发生链式反应而引起核爆炸。美国投在广岛的原子弹就是这种"枪"型原子弹，弹重 4.1 吨，内装约 60 千克的高浓缩的 ^{235}U，其爆炸威力相当于 14000 吨黄色炸药的爆炸力。"枪"型原子弹结构简单，容易制造，但核装料的利用效率低，所以又出现了"内爆"型原子弹。

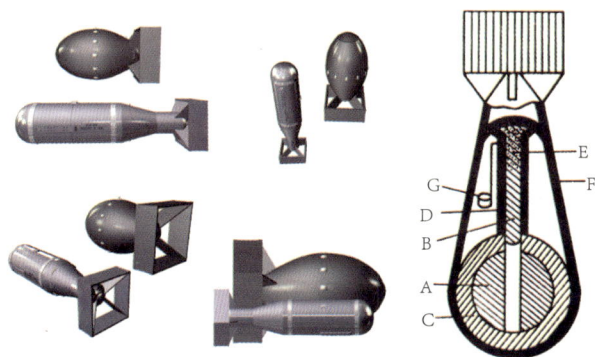

图 30　原子弹的构造

（2）"内爆"型原子弹

"内爆"型原子弹是将小于临界质量的裂变物质制成若干个小球，把它们装在由普通炸药制成的球型装置中，通过雷管使炸药球同时在各个方向起爆，从而产生向心汇聚的内爆波，内爆波迅速而猛烈地压缩裂变物质，使其超临界而爆炸。投于长崎的原子弹就是这种内爆式结构。

原子弹是一种大规模的杀伤性武器，它的杀伤破坏因素表现在以下几方面：

①冲击波。原子弹爆炸时释放出巨大的能量，爆炸中心温度高达几百万至上千万摄氏度，压力高达几十亿至几百亿个大气压。这样的高温高压形成的冲击波以超声速向四周传播，造成很大的杀伤与破坏。

②光热辐射。原子弹爆炸时放出强烈的闪光，它能使爆心的钢铁熔化，能灼伤 1 千米半径内人体的裸露部分甚至使直视的眼睛失明。

③贯穿辐射。爆炸时除光辐射外，还放出强烈的、肉眼看不见的 γ 辐射和中子流，它们能贯穿很厚的物件，对人体造成严重伤害。

④放射性污染。爆炸时，装料铀或钚等裂变碎片向四面飞散，这些碎片都是放射性的，会造成污染。同时爆炸放出的大量中子也能使周围物质活化产生放射性物质。这

些放射性物质一旦进入人体，危害很大。

在原子弹爆炸时，核裂变反应在大约 10^{-7} 秒内就完成了。巨大的能量在极短时间内释放就形成爆炸，这是不可控制的裂变能释放，它产生的后果是破坏性的。

裂变反应还可以在人工控制下缓慢地进行，从而实现核能的和平利用。1942 年，在核物理学家费米领导下的物理小组在芝加哥大学足球场的西看台下建立了世界上第一个人工控制的核链式反应装置——核反应堆，它的运行标志着核能时代的到来。

实现受控的链式反应必须具备下列一些条件：①有一个进行链式反应的地方；②能将反应产生的能量引出来；③使反应按需要进行；④将反应产生的放射性物质屏蔽起来。

根据这些要求，核反应堆设计了以下几个部分：

（1）活性区。它是链式反应进行的地方。活性区又叫堆芯，它是反应堆的心脏，其主要部件是燃料元件。另外，在活性区中还有中子慢化剂、冷却剂、控制棒和一些支撑结构等。

燃料元件由核燃料和包壳材料组成。^{235}U 和 ^{239}Pu 等都可用作燃料（大多数反应堆都采用天然铀或低浓缩铀），燃料被制成芯块置于密封的包壳之中。包壳材料常用铝、不锈钢、锆和镁的合金等，其作用是使裂变放射性产物不外逸并保护燃料使其免受冷却剂的腐蚀和其他损伤，另外也使燃料元件具有一定的机械强度。燃料元件常做成棒状、筒状或片状等。燃料元件的周围均匀分布着慢化剂，其作用是将核裂变放出的快中子减速为慢中子，因为慢中子更易引起核裂变。水、重水、石墨和铍等都是较好的慢化剂。

（2）控制棒。控制棒用来控制链式反应的速率，它是用能强烈吸收中子的材料制成的。当控制棒插入堆芯时，由于它大量吸收中子，链式反应的规模因之减小，堆功率就下降；当它提升时，链式反应规模扩大，功率上升。因此调节控制棒能使反应堆在一定的功率下稳定运行。控制棒常用的材料有硼、镉、铪、钆等，其形状有棒形、板形和圆筒形等。

（3）冷却系统。链式反应放出的大量能量使燃料元件温度升高，若不导出这些能量，燃料元件就要被烧坏，而导出这些能量可以加以再利用。用来导出堆芯热量的物质就叫冷却剂。冷却剂流过堆芯，通过循环泵、热交换器等不断循环，从而将堆芯的热能带出，导出的热能可以供热亦可以发电。常用的冷却剂有水、重水、氦气和二氧化碳等。

（4）反射层。裂变反应放出的中子有一部分要从堆芯中逃出。漏失的中子越多，链式反应就越难维持。为减少中子损失，在堆芯周围围一层反射层，它能将从堆芯逃出的中子反射回去，继续参与链式反应。反射层材料的要求与慢化剂相同，能作慢化剂的也能用来作反射层。

（5）防护系统。裂变反应不但会放出中子和 γ 射线，而且还产生大量放射性物质，因此必须对反应堆加以屏蔽，否则会对人体造成严重危害。通常是将堆芯装在一种密封的并能承受一定压力的容器——压力壳之内以防燃料元件破损。在压力壳之外还有一层很厚的安全壳，它是由水箱、钢筋混凝土等材料构成的，用来防止压力壳破损造成的放射性物质泄漏。

以上几部分是构成一座反应堆的主要部分。

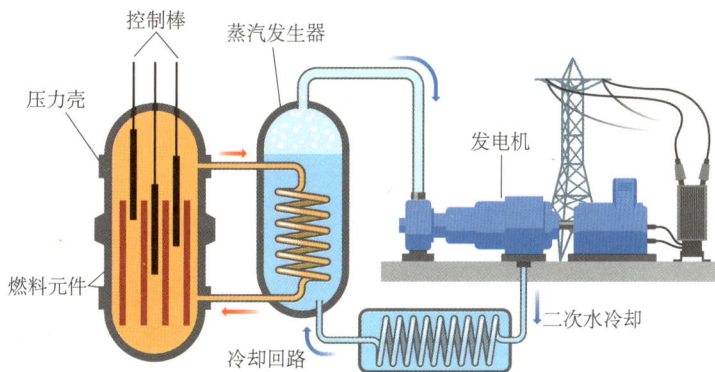

图 31　核反应堆示意图

此外，为保证反应堆的运行还要有一套操作运行、保护、监测监控、真空与通风、供水与供电、三废管理等系统，所以反应堆是一种相当复杂、庞大的工程设施。

（三）核电站和核潜艇

自世界上第一座核反应堆建成至今，核反应堆技术已经有了空前的发展，并且出现了各种各样的堆型：利用裂变放出的能量作为能源的堆叫动力堆；利用中子生产核燃料的叫生产堆；利用中子进行科学研究的叫研究堆。现在核反应堆在生产建设中已获得广泛的应用，而核能发电可以说是目前最重要的应用。

现代化的核电站是一种将核裂变能转化成热能，再由热能转化成电能的核设施。核电站的核心部分就是核反应堆。与普通发电站相比，核反应堆在核电站中就是一台"核锅炉"。在反应堆中经链式反应产生的大量热能由一回路的冷却剂（载热剂）带出来，通过蒸汽发生器（热交换器）传给二回路的水，使水产生高压蒸汽，经汽水分离器后，高压蒸汽进入汽轮机驱动汽轮机发电。所以核反应堆就是核电站的能源。以反应堆为核心的整个一回路系统，称为"核岛"，由蒸汽驱动汽轮机发电的二回路，称为"常规岛"。图 34 是一个现代化核电站的示意图。

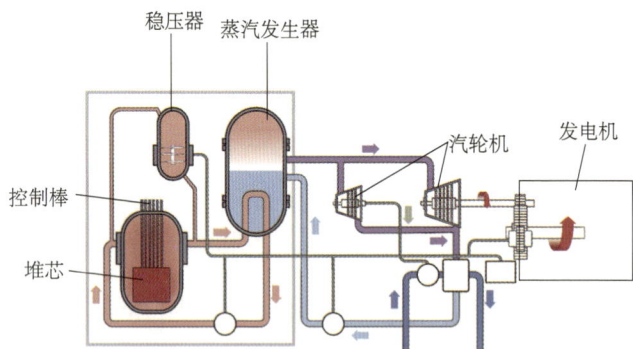

图 32　核电站的示意图

　　1954 年，苏联建成世界上第一座核电站，此后核电站像雨后春笋般一座座出现在大地上。20 世纪 90 年代，全世界已建成的核电站反应堆有 400 多座。核电在全世界发电总量中的比例已达 23%，有 8 个国家和地区的核电已占其发电量的 30% ～ 80%，如法国的核电已达 80%，日、德为 30%，美国为 22%，瑞典为 51%，西班牙为 35%，加拿大为 19%，韩国为 35.5%。到 20 世纪末，世界上的核电站将超过 500 座，且核电在总发电量中的比重不断上升。令人高兴的是，我国的核电事业也已迈开了可喜的步伐。我国自行设计建造的秦山核电站已于 1991 年建成发电；广东大亚湾核电站也于 1994 年并网发电，截至 2018 年底，累计上网电量达 7098.48 亿度。此外，江苏的连云港田湾核电站可容纳 8 台百万千瓦级机组，年发电 600 ～ 700 亿千瓦时。

核电站是将核能转化成电能的设施，而如果将反应堆作为动力装备到潜艇上，这样的潜艇就叫"核潜艇"。

众所周知，潜艇在战时有其独特的作用，它隐蔽性好，又灵活机动，攻击时能迅速接近目标，转移时能很快甩开敌舰。但常规潜艇在潜航时是用蓄电池作动力，若全速航行，一两个小时就要浮出水面以便用柴油发电机充电（柴油燃烧需要空气，所以潜艇得浮上来），然后才能再次下潜。实际上常规潜艇大部分时间是在水面行进的，这样极易暴露目标。

核潜艇一改常规潜艇动力系统的弊端，成为真正的新型战舰。只要带足装备和给养，核潜艇可长时间潜在水下，因此隐蔽性极好。它的最大优点是续航力大、潜航时间长。所谓续航力是指舰艇装一次燃料至燃料用完时能航行的距离。常规潜艇若以 10 节（1 节 =1 海里／时，1 海里 =1.852 千米）速度航行，续航能力约为 1 万海里；若以此速度潜航只能航行 60 海里～ 100 海里。而核潜艇因采用不需要氧气的核动力，其续航能力主要取决于给养和武器储备而不是燃料。若只从燃料考虑，长寿命反应堆可使用 10 年以上，续航能力可超过 40 万海里，潜航航程可占其总航程的 95% 以上。核潜艇的另一个优点是航速高。

常规潜艇的最大潜航速度为 15 节～25 节，而核潜艇可达 30 节以上。速度的提高使潜艇的攻击力与防卫能力也大为增强。现在，现代化的核潜艇与导弹核武器相结合已经成为海上一种具有威慑作用的军事力量。一艘导弹核潜艇可将十几枚氢弹发射到四五千里外的目标。

由于舰艇的载荷与空间的限制，舰艇用的核反应堆必须体积小、质量轻，因此对所用的反应堆堆型要作合适的选择。

世界上第一艘核潜艇是美国的"舡鱼号"核潜艇，它于 1955 年服役，第一炉核燃料在航行了 62562 海里后只消耗掉几千克浓缩铀。1958 年 8 月它穿过北极，完成了人类首次极地航行的创举。

■ 图 33　中国制造的核潜艇

■ 图 34 核电站外景

■ 图 35 核动力潜艇

（四）氢弹与理想的能源

无论是原子弹还是核电站和核潜艇，它们都是利用重原子核裂变释放的能量，这只是人类利用核能的前奏。核能释放的另一种方式，即轻的原子核聚合成较重的原子核的聚变反应，它放出的能量比核裂变还要强大，一旦核聚变能得以利用，那将是人类利用核能的更精彩的一幕。

核科学家们在研究聚变反应时发现，氢的两种同位素氘（或 D）和氚（或 T），适合作聚变反应的燃料。氘和氘反应可以生成氚和质子或是生成氦和中子，其反应方程如下：

$D+D \rightarrow T+p+4.04$ MeV（兆电子伏）

或 $D+D \rightarrow {}_2^3He+n+3.27$ MeV（兆电子伏）

而氘和氚反应只生成氦和中子，其反应方程是：

$D+T \rightarrow {}_2^4He+n+17.6$ MeV

方程中也列出伴随核反应所放出的能量。目前人们把氘 - 氚反应作为第一个目标来研究，因为这个聚变反应要求的条件相对比较低，故而易于实现，而且它的反应速度快，放出的能量多。

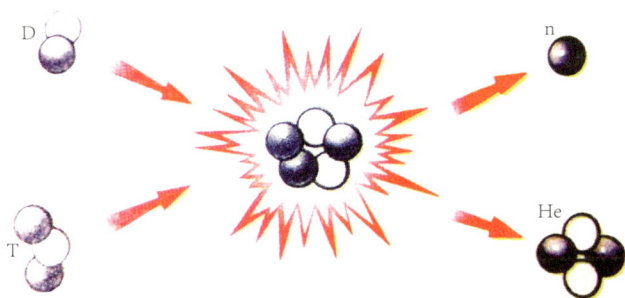

图 36　氘和氚的聚变反应

　　长期以来，人们渴望找到一种蕴藏量丰富、价格低廉、极少污染而又安全的新能源，聚变能就是这样一种"理想能源"。为什么给予它这样高的美誉呢？

　　首先，聚变燃料在地球上的储藏量极为丰富。聚变能的燃料可以选用氘，而氘含在普通水中，按质量计算，它约占水的 0.003%，别看这个数字很小，我们知道地球表面约有 70% 的面积为海洋所覆盖，共含水 140 亿亿吨，其中就含有氘约 42 万亿吨。1 千克水中含的氘若完全发生聚变反应，所放出的能量相当于 300 升汽油燃烧放出的能量。若海水中的氘全部发生聚变燃烧，它们放出的能量就足够人类使用几十亿年之久，真可谓取之不尽用之不竭了。由于聚变燃料的生产比较容易，它不像生产只占天然铀的 0.7% 的裂变燃料 ^{235}U 那样要进行困难的同位素分离，它只需让水流经提炼工厂即可提取出氘来，所以氘的价格也比较便宜。

第二，聚变燃料释放能量的本领很大。1千克氘完全聚变燃烧放出的能量为 $3.6×10^{14}$ 焦耳，1千克铀完全裂变时放出的能量为 $8.2×10^{13}$ 焦耳，1千克煤完全化学燃烧只能放出 $3.3×10^7$ 焦耳的能量，三者相比，聚变燃料的释能本领比裂变燃料大好几倍，比化石燃料（煤和石油等）大几百万倍。这样大的释能本领，使人们在使用它们时根本用不着像使用煤和石油那样车载船装了。

第三，未来的聚变反应堆将会比现在的裂变反应堆更为安全和干净。在聚变反应堆中，反应是靠高温来维持的，一旦系统出了毛病，高温不能维持，聚变反应就自动终止，因此不会发生危险。再说聚变堆不像裂变堆那样产生大量的放射性产物，它仅产生低放射性的氚，氚的寿命仅为12年，毒性小。聚变反应虽然也产生大量中子，能使物质活化而产生放射性物质，但它的放射性水平要比裂变产物低得多。

聚变能利用的美好前景吸引着人们对它进行研究并已有六七十年的历史了，但至今仍未达到预期的目的，因为实现聚变反应要比实现裂变反应困难得多。

裂变反应是把中子打入重原子核使其裂变的，中子不带电，它较容易打入原子核中。而聚变要使带正电的两个原子核接近到核力发生作用的范围才行，而静电斥力阻止它们靠拢。为使它们靠近就要设法使原子核高速碰撞。经过研究，人们想出了一种办法，就是将聚变燃料加热到高温，在高温下原子核会做高速热运动，一个个像脱缰的野马狂奔乱窜，因而不可避免地会相互碰撞，在高速碰撞时就有可能克服彼此的静电斥力而发生聚变反应。道理虽然简单，但这里的"高温"，并不是烧炉子或炼钢炉的高温，而是上亿度的极高温度。就是最易实现的氘－氚聚变也需要几千万摄氏度的高温。只有在这样的高温下，原子核才能获得发生聚变所需要的速度。正因为聚变反应要在如此高温下进行，所以它被称为"热核反应"。在热核温度下，燃料系统变成一种"等离子体"状态，在等离子体中原子核周围的电子基本上因高温碰撞被全部剥去，这样形成了一团由自由电子和裸露的原子核组成的混合气体。由于等离子体具有不同于物质三态（气、液、固）的性质，所以人们又称之为物质的"第四态"。

在自然界，太阳就是热核反应的实例。众所周知，太阳是我们这个星系的中心，其质量约为地球的 33 万倍，千万年来太阳不断地发光发热，它的能源是什么？这个问题直到 20 世纪初才找到科学的答案。观测和研究证明，组成太阳的物质主要是氢，其表面温度达到 6000 摄氏度，中心温度达到 1300 万摄氏度，压力达到 3000 多亿个标准大气压，在此高温高压下，氢原子核不断进行聚变反应变成氦原子核并放出大量能量。正是这种聚变能维持着太阳能的释放。太阳每秒辐射出来的能量约为 3.8×10^{26} 焦耳，地球只接受了其中的二十亿分之一便得以繁衍千姿百态的生命，并且维持着寒来暑往、风云雨露、沧海桑田的变化。在地球上能否实现类似于太阳上的聚变反应以取得不尽的能源呢？答案是肯定的。

聚变能的大规模快速释放早在 20 世纪 50 年代就实现了，那就是氢弹的爆炸。1951 年 11 月 1 日美国在太平洋的一个小岛上引爆了世界上第一枚氢弹，其威力相当于 1 千万吨黄色炸药的爆炸当量，约等于投在日本广岛那颗原子弹的 500 倍！其实氢弹的原理并不复杂，如图 37 所示，它的中心是一颗原子弹，在原子弹周围包着聚变燃料（如氘、氚），通过点燃原子弹，在原子弹爆炸的百万分之几秒内，爆炸中心产生了极高的温度和压力，将聚变燃料点燃起来实现聚变能的释放。氢弹的试验成功是人类开发核聚变能的一个重要里程碑，它表明在地球上释放核聚变能是可能的。但氢弹是大规模快速的能量释放，是无法控制的，难以用于生产和建设。

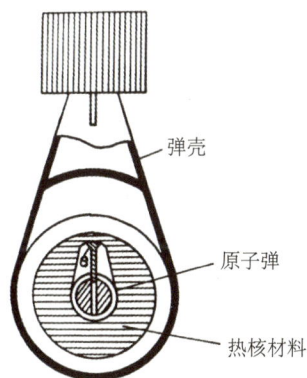

图 37　氢弹结构示意图

　　要将聚变能用于生产建设，必须使聚变能缓慢地释放出来，实现"受控核聚变"。如何实现受控核聚变是当代科学技术的重大研究课题，数十年来经核科学家们的努力，研究工作已经取得了重大进展，前景是令人乐观的。

　　实现受控核聚变的困难之一在于要将燃料加热到几千万摄氏度甚至上亿摄氏度的高温。目前已研究出许多方法，如通电、射频加热、绝热压缩、注入高能粒子或激光等。

　　困难之二是如何将已加热的高温燃料——等离子体控制在一定范围内不让它们跑掉，即约束等离子体问题，这比加热问题更为棘手。

　　很显然，高温等离子体是不能简单地装在普通容器中的，因为现在还没有哪种容器能经受得住几千万摄氏度的高温而不熔化。那么热核反应在什么地方进行呢？人们提出两种办法：①磁约束。因为等离子体中都是带电粒子，运动的带电粒子在磁场力作用下会绕弯（偏转）而不至于横穿磁力线跑掉。利用这一特性，人们设计出特殊的、无形的"磁瓶"，将等离子体约束在其中。②惯性约束。利用某种加热手段（如高能激光或粒子束）在极短的时间内将少量的聚变核燃料（靶丸）加热变成高温等离子体而发生聚变燃烧，使等离子体在由于惯性而来不及飞散的短暂时间内完成聚变反应。氢弹爆炸就是根据这个原理。所不同的是，它不是用原子弹去点燃，而是用高能粒子束或激光作为加热手段，靶丸是"微型氢弹"，其能量释放规模小，完全在可控制的范围内。聚变能的输出是靠靶丸一个接一个聚变燃烧，像放鞭炮那样一份一份地产生出来的。

受控核聚变还处在研究阶段，但已是晨光熹微了。目前无论是磁约束还是惯性约束都差不多达到"得失相当"的水平了。所谓"得失相当"就是供给等离子体的能量等于等离子聚变反应产生的能量。达到这一步是了不起的成就，它说明"受控聚变"在科学上是可行的，下一步是进行工程试验。据科学家们预测，大约在 2030 年左右将实现用核聚变能发电，受控聚变的商业应用大概要到 21 世纪中叶才能实现。届时人类将获得这种干净、安全的理想能源了。

激光能量
向里传输的热能
释放核聚变能

激光辐照氘氚靶丸

靶丸内爆压缩

聚变点火

聚变燃烧

图 38　激光惯性约束聚变的四个阶段

（五）正－反物质的"湮灭"

核聚变能是迄今为止发现的最强大的能源了，还有没有比它更强大的能源呢？为了探讨这一问题，让我们用爱因斯坦的质能相当原理来研究一下不同能源释放能量的能力。根据爱因斯坦的理论，一个物质系统如果放出能量，其质量必须发生转移，而且质量转移的比例越高，释放的能量就越多。对单位质量的物质而言，质量转移越多，其释放能量的本领就越大。

人类自从进入工业化社会以来，能源革命使化石燃料（煤和石油等）取代了柴草，社会生产力获得了高度的发展，人类生活也发生了巨大的改变。化石燃料释放能量的机制是燃烧，燃烧是一种化学反应。煤和石油在燃烧时是其中的碳元素和空气中的氧元素结合生成二氧化碳同时放出能量。物质发生化学反应是它们的元素原子核外围的电子的运动状态发生了改变。电子状态的变化引起质量转移的份额太少，大约占反应系统总质量的百亿分之一，因此相应放出的能量也不大。例如 1 克煤完全燃烧才放出 2.94×10^{4} 焦耳的能量，它所对应的微小的质量变化即使用高精度的仪器也难以测量出来。

核能的利用是又一次能源革命的标志。核能是核反应过程中释放的能量，核反应是原子核的状态发生变化，反应前后原子核发生了质量亏损。在核裂变反应中反应系统质量转移的比例达到了万分之几。如

图 39　正－反物质湮灭的示意图

1 克铀 -235 全部裂变放出的能量为 8.2×10^{10} 焦耳，比 1 克煤完全燃烧放出的能量要大 280 万倍。而在聚变反应中质量的变化已达到千分之几，如 1 克氘完全聚变放出的能量为 3.5×10^{11} 焦耳。因此核反应释放能量的本领要比化学反应大百万倍到千万倍。

　　然而不管是化学反应还是核反应，参加反应的物质在反应前后都只有很小份额的质量转化为能量，它们储存的绝大部分能量在反应中并未释放出来。有没有一种能源，它在释放能量时能使其全部质量都转化为能量呢？如果有的话，这种能源就是终极能源了。

　　粒子物理告诉我们，这样的能源将来有可能获得。理由之一是 1932 年安德逊发现了一种与电子质量相等但电荷符号相反的粒子，它就是电子的反粒子——正电子。当一个电子与一个正电子相遇时，它们两个会完全"湮灭"而转化成能量为 1.02 兆电子伏的光子（光子静止时质量

为0），在"湮灭"反应中物质的质量百分之百地转化成相当的能量。"湮灭"反应不仅存在于正、负电子之间，也存在于其他正、反粒子间。在自然界中所有的粒子都有它的反粒子，正、反粒子的成对存在是自然界的普遍现象。例如质子、中子的反粒子——反质子、反中子都已发现，现在已发现了三百多种粒子的反粒子。由此人们设想由这些反粒子组成的"反"物质与"正"物质在一起进行"正-反"物质的湮灭，它们的质量即可全部转化成能量。这当然是人们所企盼的。不过，现在发现的反粒子都是在高能加速器中获得的或在宇宙射线中找到的（极为稀少），人工产生反粒子所需的能量要比可能得到的能量多得无法比拟，根本得不偿失，所以使用人造反物质作能源只是一种设想而已。理由之二是天体物理学的观测和研究指出，在广袤的宇宙空间发现了一种类星体，这种星体的辐射功率要比普通星体大千万倍，但它们的直径只是普通星体的十万分之一或百万分之一。这样小的天体却能释放出那样大的能量，用聚变反应也无法解释。有人猜测，会不会是那里在进行正-反物质的湮灭反应？目前这还是个谜。倘若能找到反物质，那么"终极能源"将成为可能，不过这样的事离我们太遥远了，但作为探索宇宙奥秘的新课题还是非常有意义的。

五、寻找更基本的粒子

（一）射线的捕捉和应用

α、β、γ 和中子这些射线是看不见摸不着的，怎样探知它们的存在呢？

但凡一种事物，只要它是客观存在的，它必然要与周围事物发生关系，因而有所表现，具有某种性质，这些表现和性质就是认识它的基础。这些射线虽然看不见，但它们在穿过物质时仍然与物质发生相互作用。例如 α、β、γ 都能使物质电离，当然电离能力各不相同，中子则能发生核反应产生次级粒子。这些作用在物质中可表现为：①使气体电离。②使底片感光。③在闪烁体中产生荧光。④使半导体电离。等等。正是利用射线产生的这些效应，人们研制出各种探测器来"捕捉"和研究它们。

这里我们仅介绍几种应用比较广泛的探测器，以见一斑。

（1）核乳胶。这是一种特制的照相乳胶，当射线穿过它时，由于电离，乳胶中的溴化银分解，于是在射线经过的路径上形成了一连串的潜影银斑，经过显像就能显示出一条黑色的粒子径迹来。根据径迹的长短、粗细和形状，可以判断粒子的性质、种类和能量。

（2）云室。我们都见过天空中的雾，雾是由于大气中的水蒸气达到过饱和状态时，以悬浮在空气中的尘埃为核心结成细小水珠形成的。依据这一原理，威尔逊设计出一种过饱和汽容器（云室）。当射线穿过过饱和汽时引起路径上的气体电离，形成的离子就成为核心使附近的过饱和汽凝成水珠，从而形成一条雾迹将粒子的径迹显示出来。

（3）盖革计数器。它是由科学家盖革发明的一种探测器，其原理是：在一个金属管（正极）和轴线丝（负极）之间加上电压，管内充以低压气体。当一个粒子穿过很薄的入射窗口进入管中时，管内气体被电离，电离产生的正、负离子在电压作用下分别向正、负极迁移，于是产生一个电脉冲。通过记录装置即可对穿过的粒子逐个进行计数。

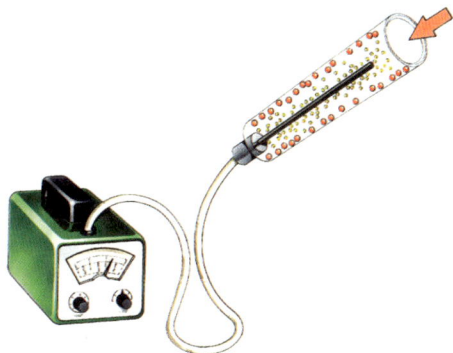

图 40　盖革计数器测量电脑辐射

（4）闪烁计数器。某些物质（闪烁体）在射线（紫外光和电子等）的作用下会发出荧光，如电视图像就是电子轰击荧屏的结果。闪烁计数器就是利用某些物质的这一

113

特性来记录射线粒子的。但由于单个粒子产生的光脉冲太小，难以接收，通常在闪烁体（荧光物质）后接上一个光电倍增管，它能将产生的光脉冲放大到可以计数的水平。常用的闪烁体是碘化钠晶体。

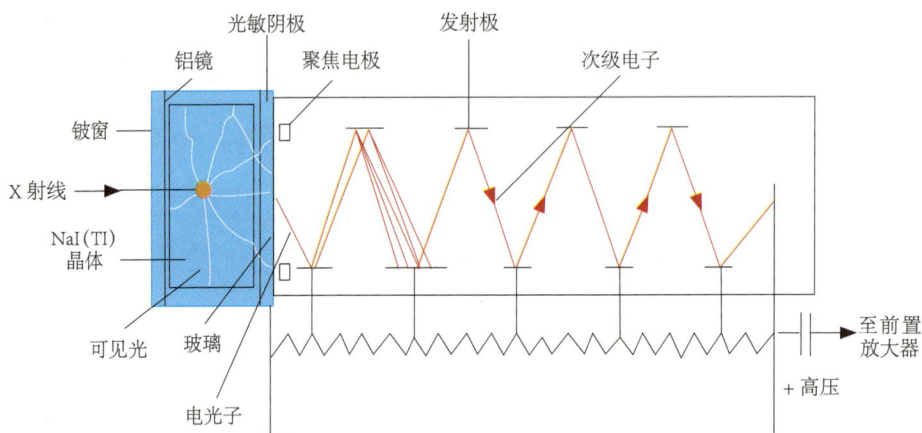

图 41 闪烁探测系统

除了上述几种探测器外，还有半导体探测器、中子探测器等。随着科技的发展，探测射线的手段也日益完善。现在常将探测器和计算机相连，以实现测量的自动化。

射线不仅可以捕捉，而且可加以利用。射线的利用是核研究给人类带来的一份礼物。今天，社会生活的各个角落几乎都有放射性同位素的足迹。

放射性虽然会伤害人体，但一旦掌握了它就并不可怕。其实每一个人自出现在世界上就一直处在天然放射性射线的照射之下，这就是"本底辐射"。它主要来自两方面：①外层空间的宇宙辐射；②地壳中的天然放射性元素（如铀、钍等）。由古及今，人类都在天然放射性的辐射之下繁衍生息，可见射线并非洪水猛兽。辐射的生物学效应研究说明，问题不在于是否受到射线照射，而在于受到照射的剂量。在一定的允许剂量范围内，射线对人体健康并无妨碍，但若超过一定限度就会造成伤害甚至死亡。

放射性同位素放出的射线一方面具有穿透、电离和杀伤的特性，因而可能造成伤害；但另一方面，这些特性又可广泛地用于工业、农业、医学和科学研究等各种领域为人类造福。

1. 在工业和科学研究中的应用

放射性在工业上的应用极为广泛。

利用射线具有穿透能力的原理制成的厚度计、密度计和液位计，它们在现代化生产中使连续生产和自动监测与控制成为现实，大大促进了生产的发展。图 42 是钢板厚度自控装置原理图。射线穿过钢板打在探测器上，探测器所记录的射线强度随钢板的厚度变化，再经探测器转化为相应的电信号输入到厚度指示和控制装置，装置可自动地调节轧辊间距，使轧制的钢板厚度保持在要求的厚度范围之内。这一系统如果与计算机相连就可实现板材生产的自动化。

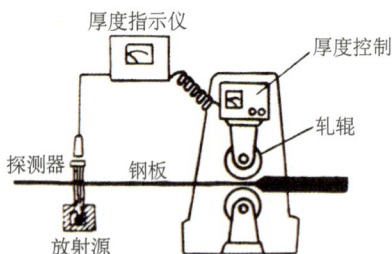

图 42　钢板厚度自动控制装置

　　放射性测井是射线工业应用的又一个重要方面。它可分为 γ 测井、中子测井和同位素示踪测井等等。其原理主要是通过测量矿井内不同深度的 γ 射线或中子同岩层或孔隙中的流体作用后引起的强度变化来认识和了解岩石的结构、性质、地质构造和矿藏分布。这种测井方法简便可靠，因而在石油、天然气、煤和其他矿藏的勘探开发中发挥了重要作用。

　　利用射线的化学效应可以产生辐射聚合或辐射改性。经过射线照射的一些高分子聚合物，如聚乙烯和聚氯乙烯等，其性能有很大改善。

　　用放射性同位素做成的核电池具有寿命长、质量轻、不受环境影响、运行可靠等优点，因此适于在宇宙飞船、人造卫星、海上无人管理的灯塔和航标、边远和极地的气象站等许多特殊和恶劣的环境中使用。1969 年 11 月美国阿波罗 -12 号宇宙飞船送上月球的仪器和通信设备所用的电源 SNAP-27 就是核电池。到 1972 年已有五台 SNAP-27 安置在月球上。

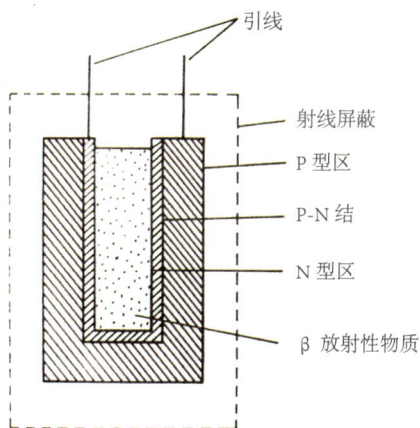

图 43　核电池

"核时钟"技术也是比较有名的，它利用放射性同位素的衰变特性能够准确地测定一些古生物、古地质的年龄或年代。这一技术不仅在考古学、地质学研究中有很大价值，而且也能用于气候学、生态学和地理学等学科的研究中。例如 ^{14}C 年龄测定法已是确定大约几万年内事件的主要依据了。

^{14}C 法的原理是：^{14}C 是普通碳（^{12}C）的放射性同位

素。由于宇宙射线的轰击，大气中的 ^{14}N 不断产生 ^{14}C，即 $^{14}N+n \rightarrow {}^{14}C+p$，$^{14}C$ 在产生后又不断衰变，其半衰期为 5730 年。千万年来 ^{14}C 的产生与消亡一直在进行着，久之，在大气中形成了 ^{14}C 的动态平衡，即保持着一定的 ^{14}C 含量。产生的 ^{14}C 很快与氧化合成 CO_2，通过光合作用 CO_2 又被活着的植物吸收。活着的动物因吃植物而将 ^{14}C 摄入体内。这一系列过程的结果是所有生物体内的碳元素中 ^{14}C 的比例是一样的。一旦生物在某一时刻死亡，它就中断对 ^{14}C 的摄取，其体内的 ^{14}C 就再不会得到补充，而原有的 ^{14}C 却因不断衰变而减少。就在生物体死去的时候，这个"核时钟"就开始走起来，每经一个半衰期（5730 年）^{14}C 就减少一半，年代越久，残骸中的 ^{14}C 就越少。因此通过测定这些残骸中的 ^{14}C 含量，然后计算过去这些 ^{14}C 何时与现代生物体中的 ^{14}C 含量相等，便可知这一年代就是该生物的死期。利用该技术曾经测定了美国西部 11500 年前的人类定居点，5000 年前的古埃及妇女的头发，西安 6000 年前半坡新石器时代的遗址等。

此外，放射性同位素还在火灾报警、无损探伤、放射性分析、放射性示踪、静电消除等方面得到了成功的应用，并在生产建设中发挥了重要作用。

2. 在农业上的应用

放射性的生物学效应使之在农业上也有许多用途。

利用射线照射作物的种子和植株可以改变作物的遗传性，经过几代选择和培育可以获得优良的品种，这叫作"辐射育种"。低剂量射线照射是一种待开发的增产措施，如蚕卵经低剂量中子照射后，蚕茧的产量和质量都有所提高。另外，射线辐照还可以用于消灭虫害、杀菌消毒和食物保鲜。

放射性同位素在农业上的另一项重要应用是作"标记原子"。由于放射性同位素在化学性质上与它的稳定同位素完全相同，但它们能放出射线，因此能为射线探测器所识别。只要在待研究的对象元素中加入微量的放射性同位素，就可以跟踪这种元素在各种物理、化学乃至生理过程中的运动和变化。这些放射性元素在这些过程中起着标记作用，所以被称为"标记原子"。例如将 ^{32}P 加入土壤，弄清了烟草在生长过程中无须磷肥；通过跟踪用放射性 ^{203}Hg 标记的一种含汞杀菌剂——"赛力散"中的 ^{203}Hg 在植物生长过程中的转移、分布和残留量，也就弄清"赛力散"在施用后的效用了。这类资料为合理施肥、安全使用农药等提供了可靠的科学依据。

人们还打算用标记原子解开植物光合作用的秘密。一旦揭开了这个秘密，人类就可以用人工方法像大自然的绿色植物一样来生产食物了。

3. 在医学上的应用

核科学的许多重大成就都被迅速地用于医学。现在多种核技术与医学已经结合形成专门的"核医学"。

放射性在医学上的应用主要有三方面：①利用射线的生物、化学效应。②放射性药物。③射线测量技术。

众所周知，癌症是当代人类的大敌，而放射性已被用来与癌症做斗争。如 ^{60}Co 就是治疗癌症的一种放射性同位素，它放出的 γ 射线对癌细胞的杀伤作用要比对正常细胞的大。将 ^{60}Co 源装在特制的治疗机内，使其 γ 射线专门照射癌变部位以达到杀死癌细胞或抑制癌病变的目的。^{60}Co 现多用于治疗子宫颈癌、乳腺癌、食道癌和肺癌等。放射性同位素除了外照射治疗外，也可用于内照射。例如血液系统的恶性肿瘤可口服一定量的放射性溶液或直接将放射源注入人体或某器官使局部组织受到内照射以达到治疗目的。现在所用的射线源，除了 γ 之外，β 射线、中子、介子和重离子等都已成为治疗癌症的有力武器。由于射线治疗技术在医疗中的较好效果，现在许多医院都配有射线治疗设备。

放射性同位素在医学上的另一项重要应用就是诊断病

情。那就是给病人口服或注射某种放射性药物，经一定时间后，利用这种药物能在人体某部位或某脏器中聚集的特性，用探测器进行体外测量或是使用同位素扫描成像或用 γ 照相技术获得脏器的图像，即可对病变部位的生理、病理等状况进行研究，这对疾病的早期诊断及发病机理的研究具有重要价值。20 世纪 70 年代以来，核医学成像技术迅速发展，除 γ 相机外，又出现了数字减法血管造影术、X 射线断层扫描（CT）、正电子发射断层扫描（ECT）、核磁共振成像（NMR）等，这些技术与计算机处理技术相结合，已成为人类与疾病做斗争的得力工具。

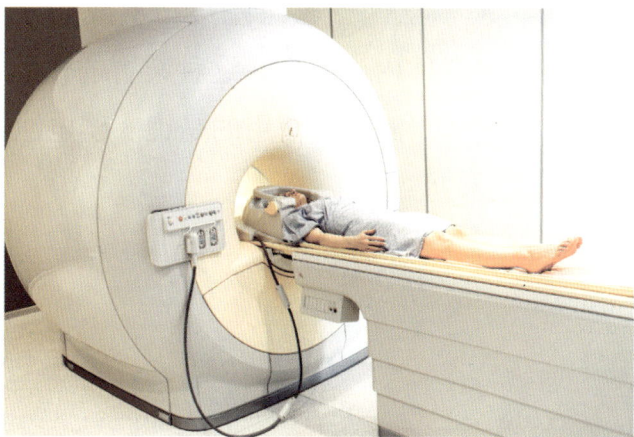

图 44　射线治疗设备

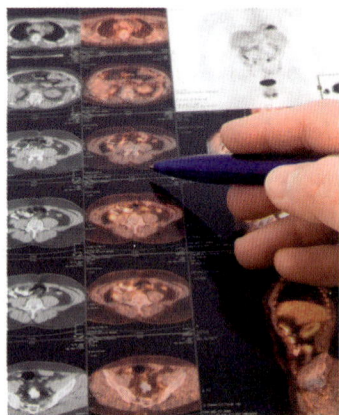

■ 图 45　正电子发射计算机断层显像 PET-CT

　　采用核电池作动力的心脏起搏器是现代核医学的又一成就。1979 年 4 月，法国一家医院第一次成功地将这种心脏起搏器植入患者体内。此后，这种装置的使用就日益增多了。目前该起搏器的电池使用的是锂－碘电池。

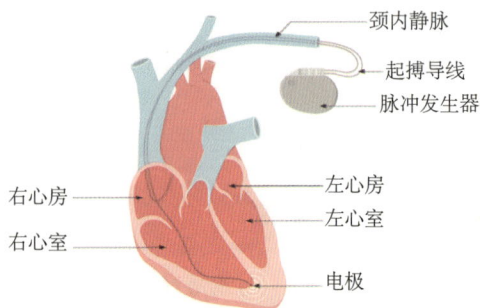

颈内静脉
起搏导线
脉冲发生器
右心房
右心室
左心房
左心室
电极

■ 图 46　心脏起搏器

　　以上只是射线在某些领域应用的例子，作为一项新技术，它还在发展中，许多应用领域还有待开发。

这里我们还应提及的是，过量的射线照射对人体是有害的，因此，使用放射性时一定要注意安全防护，严格遵守操作规程和医嘱。对放射性废物也一定要作妥善的处理。

（二）登上神奇的"超重岛"

1864 年门捷列夫发现了元素周期律，当时只知道 60 多种元素，后来陆续发现了许多新元素，不断填充周期表上的空格。1874 年门捷列夫将在自然界中找到的最重的原子——铀原子填到周期表中的最后一格。铀后面空白的局面一直维持了大约 70 年。为什么在自然界没有找到比铀还重的原子呢？周期表的尽头难道就在 92 号元素吗？这些问题只有在原子核被发现、人们对核性质有所认识后才获得正确的答案。

现在已经知道，原子核由中子和质子组成。原子核的性质有这样一条规律：质子数和中子数都是偶数的原子核最稳定；质子数为奇数的原子核稳定性较差；而质子数与中子数均为奇数的原子核则特别不稳定。一般说来，原子核里的质子数和中子数有一个最恰当的比例关系：在较轻的稳定同位素中，中子数和质子数大体相等，如碳 -12（$^{12}_{6}C$）的中子数和质子数各为 6。随着核内质子数的增加，这种比例就发生了变化，在重的原子核中，中子数大概为质子数的 1.5 倍，如铅（$^{207}_{82}Pb$）核中有 82 个质子 125 个中子，它还是稳定的。如果这种比例遭到破坏，原子核就不稳定了。自然界中原子序数（即核中质子数）大于 82 的元素都是放射性的，因为在那些原子核里，中子数和质子数的比例偏离了恰当的范围。如果原子核里中子太多，多余的中子会自动变成质子同时放出一个电子，这就是原子核的 β⁻ 衰变。β⁻ 衰变后因原子核中增加了一个质子而变成另外一个元素了。反之，若核内质子过多，则质子会自动变成中子并放出一个正电子，即原子核发生了 β⁺ 衰变，β⁺ 衰变后因核中少了一个质子也变成了另一个元素。还有一些重原子核由于其中含有很多质子，质子间的静电斥力很大，核结构松散，这时原子核有可能放出一个 α 粒子使核的质量数减少 4，质子数减少 2，这就是 α 衰变。有的重核还自发地分裂成两块质量相近的原子核，这就是自发核裂变。核中质子数越多，原子核自发裂变的可能性越大，半衰期越短。这就是重的原子核绝大多数具有放射性的原因。为什么在自然界找不到比铀重的原子核呢？根据计算，那些不稳定的原子核只要半衰期小于 1 亿年，那么它们在很久之前就已经"死"绝了。

为研究原子核的稳定性，人们以原子核中的质子数为纵坐标，以中子数为横坐标，画出一个"同位素图"，就像用经纬度表示地理位置一样，将已知的元素，包括一千多种核素统统在同位素图上标出它们的位置。标定结果发现，这一千多种核素全部都集中在从坐标原点向东北方向延伸的一个狭长的地区，这个地区好像汪洋大海中的一个狭长的半岛。很有意思的是，那些最稳定的原子核基本上分布在这个半岛的中心线附近，中心线的两侧则分布着放射性的原子核，其左侧多为 β⁺ 衰变核，而右侧则多为 β⁻ 衰变核。人们把这个狭长的半岛称为"β 稳定半岛"，半岛之外则是不稳定核素的"汪洋大海"。

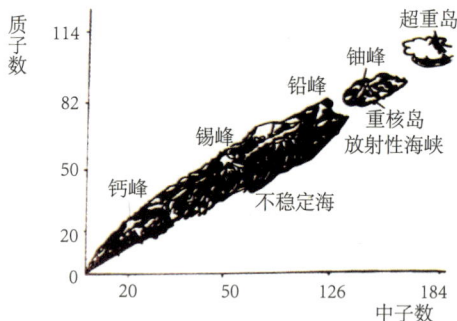

图 47　β 稳定半岛

　　利用稳定原子核中拥有最佳中子数和质子数的特点，人们有意在原子核中加入中子、质子或其他带电粒子使之变成不稳定的放射性核素，通过衰变，原来的原子核就变成另外一种原子核了。人工合成新元素就是利用这种办法，也就是前面介绍过的现代"炼金术"。

　　用中子作炮弹打靶是得到新元素的最方便的方法。核反应堆是一个强大的中子源，如果把合适的样品（靶）放在反应堆中经过中子辐照（中子打靶），然后将样品取出再经提取分离即可得到新元素。在周期表上 92 号铀元素后面的叫"超铀元素"，如 93 号元素镎（$^{237}_{93}$Np）、94 号元素钚（$^{244}_{94}$Pu）及其后的大部分元素都是用这种方法生产的。

但是在利用反应堆方法生产超铀元素时发现，要生产更重的新元素是很困难的，其原因在于核越重就越不稳定，很难控制原子核吸收中子后的衰变程序，以至得不到所需的新元素。

利用核爆炸也可产生新元素。这种方法的优点是核爆炸时产生的中子流要比反应堆中的强大得多，这样可以大大增加生成的新元素的数量；其次在核爆炸的瞬间靶核吸收了大量中子就有可能跳过一些核衰变的"障碍"，减少反应步骤而产生人们想得到的更高原子序数的原子核。美国人利用这种方法从氢弹爆炸试验场的珊瑚石中分离出了 99 号元素锿（Es）和 100 号元素镄（Fm）。

为了得到更高原子序数的新元素，除以中子作炮弹外，人们还利用质子、α 粒子或其他粒子做炮弹，进行人工合成新元素的尝试。例如 1955 年在美国的伯克利加速器上用 α 粒子轰击很少数的 99 号元素锿，锿的原子核一下子加进了两个质子，实验结果发现新生成了 101 号元素，命名为"钔（Md）"，为的是纪念门捷列夫。

随着大型加速器的建立，被加速的粒子能量越来越大了，作为炮弹的粒子也越来越重了，如硼、碳、氮、氩、氪甚至更重的离子。利用这样的重离子加速器人们又合成了更重的元素。

人们在对核的性质的研究中发现了一个饶有趣味的现象，即原子核中含有的质子数和中子数若是 2，8，20，50，82，126 的就特别稳定，人们把这些数字叫作"幻数"，具有幻数的核叫"幻核"，后来的核理论研究给出这种现象的解释：原子核中的核子也很像原子中的电子——它们也组成壳层，那些填满了中子和质子壳层的原子核最稳定，就像周期表中的惰性气体一样。中子和质子的幻数恰好对应于满壳层。例如具有 82 个质子和 126 个中子的双幻数核铅-208 就特别稳定。应用这种核壳层理论，核科学家们预测继铅-208 之后，下一个双幻数核应含有 114 个质子和 184 个中子，而且中子数和质子数在其附近的原子核也应当很稳定。如果把这些预言的稳定元素也标绘在同位素图上，就发现它们位于"β 稳定半岛"的东北方，隔着一个"海峡"组成了一个"稳定岛"。它们都比现在已发现的元素要重，因此称它们为"超重元素"，那个小岛就被称为"超重岛"。超重元素的奇妙性质和未来的重大应用在诱惑着人们。

既然理论预言存在超重元素，那么怎样找到这些超重元素，登上并不很远的"超重岛"呢？科学家们又开始了新的探索。首先他们在自然界——地球，太阳系，甚至到银河系中去找。他们分析地球上的矿石，宇航员带回的月岩，宇宙中飞落地球的陨石。到目前为止还没有明确的答案。此外，人们还想走人工合成之路，其中最有效的办法是用重离子打重核靶，可能产生重－重核聚变而形成超重核。这就要求大型的重离子加速器能将如钛-22，锗-32，氙-54，铀-238等富含中子的核加速到高能，然后去打用超铀元素做成的靶。在一些发达国家相继建成或正在建造的超型重离子加速器上，有可能实施寻找超重核的计划。1995年和1996年德国在重离子加速器上合成了第110、111和112号三种新元素；日本研究人员利用线型加速器合成出113号元素；俄罗斯的科学家正在尝试合成第119号元素。

至今，烟波浩渺中的神秘的"超重岛"的"居民"还没有一个被人们所认识，它们的"庐山真面目"可能要靠未来的核物理学家们去揭开！

图 48　王淦昌（左三）正在指导准分子激光研究

（三）基本粒子——更深层的世界

随着对物质结构认识的深化，近代又发展了一门独立的学科——基本粒子物理学。它是研究基本粒子的种类及其性质，探索基本粒子运动和转化规律及其内部结构的科学，也是向更深层次揭开物质结构之谜的科学。

从原子论开始，到放射性的发现，电子的发现，一直到中子的发现，人们一步步认识到一切物质都由元素组成，元素由原子组成，而各种原子都是由电子、质子、中子组成的，它们是比原子更小的物质微粒，于是就把电子、质子、中子和光子统称为"基本粒子"。这时，人们把这四种粒子作为组成物质的共同的基本单元了。

然而由于实验技术的提高，人们又陆续发现了其他基本粒子。1932年，美国物理学家安德逊在宇宙射线中发现了曾被科学家预言的"正电子"，它是电子的反粒子。这一发现不仅给基本粒子增加了一个新成员，而且它显示了物质的一种基本对称性，即粒子与反粒子的成对出现与湮灭。这种对称性被以后不断发现的粒子与反粒子所证实。如1955年发现了反质子，1959年，我国物理学家王淦昌等人发现了反西格玛负超子 Σ^-（它是西格玛正超子 Σ^+ 的反粒子）等都是例证。随后又发现了中微子、反中微子、介子等一些基本粒子。到 1947 年已经知道的基本粒子除电子、质子、中子及其反粒子、光子外还有中微子、π介子和 μ 介子。到 20 世纪 50 年代初又发现了 K 介子、Λ（兰姆达）超子、Σ 超子和 Ξ（克西）超子等，这时发现的基本粒子已达三十多种。

高能粒子加速器的建成，为研究人员提供了所需要的高能粒子。高能粒子和其他粒子碰撞后可以产生多种类型的新粒子，所以新的基本粒子便不断地被发现。这些粒子的质量在 0 到几个原子质量之间，半衰期（寿命）也各不相同，从不到 10^{-16} 秒直到无限大都有。到目前已发现三百多种基本粒子了。

越来越多的基本粒子被发现后，科学家们效仿周期表的形式将它们分门别类。一种方法是按质量、寿命和自旋的不同把粒子分为重子族、介子族、轻子族和光子族。质子、中子及比它们质量大的超子都称为重子；质量介于质子和电子之间的粒子叫介子；把电子、中微子等称为轻子。请参看表 1。

表1 基本粒子分类表

类别	名称	正粒子 +e	正粒子 o	正粒子 -e	反粒子① +e	反粒子① o	反粒子① -e	静止质量（以电子质量为单位）	自旋	平均寿命/秒
重子族	质子	p					$\bar{p}$	1836	$\frac{1}{2}$	稳定
	中子		n			$\bar{n}$		1839	$\frac{1}{2}$	918
	Λ 超子		Λ^0			$\bar{\Lambda}^0$		2184	$\frac{1}{2}$	2.5×10^{-10}
	Σ 超子	Σ^+					Σ^-	2328	$\frac{1}{2}$	0.8×10^{-10}
			Σ^0			$\bar{\Sigma}^0$		2334	$\frac{1}{2}$	$<1\times10^{-14}$
				Σ^-	$\bar{\Sigma}^+$			2342	$\frac{1}{2}$	1.5×10^{-10}
	Ξ 超子	Ξ^0				$\bar{\Xi}^0$		2571	$\frac{1}{2}$	3×10^{-10}
				Ξ^-	$\bar{\Xi}^+$			2585	$\frac{1}{2}$	1.7×10^{-10}
介子族	π 介子		π^0			π^0		264	0	0.84×10^{-16}
		π^+					π^-	273	0	2.6×10^{-8}
	K 介子	K^+					K^-	966	0	1.2×10^{-8}
			K^0			$\bar{K}^0$		974	0	见注②
轻子族	e 中微子		V_e			$\bar{V}_e$		0	$\frac{1}{2}$	稳定
	μ 中微子		V_μ			$\bar{V}_\mu$		0	$\frac{1}{2}$	稳定
	电子			e^-	e^+			1	$\frac{1}{2}$	稳定
	μ 介子			μ^-	μ^+			207	$\frac{1}{2}$	2.2×10^{-6}
光子族	光子		γ			γ		0	–	稳定

注：①粒子与反粒子具有相同的质量、平均寿命和自旋，它们的电荷数值相等但符号相反

②K^0 和 $\bar{K}^0$ 有两个平均寿命：10^{-10} 秒和 6×10^{-8} 秒

　　另一种方法是按基本粒子之间的相互作用划分为三类：

　　1. 强子：核子之间的核力是一种比电磁作用大得多的作用，这种作用叫强相互作用。凡是参加强相互作用的粒子都叫强子，重子和 π 介子都属于强子。

　　2. 轻子：都不参加强相互作用，有电子、中微子、μ 介子等。

　　3. 媒介子：是传递粒子间相互作用的粒子，如光子就是其中的一种，是传递电磁相互作用的。

　　现在发现的基本粒子比化学元素的种类还要多，而且新粒子还在不断地被发现，这么多的基本粒子是"基本"的吗？它们会不会是由更基本的少数粒子组成的呢？就像繁杂的万物最终是由质子、中子和电子组成的一样。如果是，问题就简单多了。于是人们又开始寻找比质子、中子等更"基本"的粒子。

　　近几十年来大量的实验事实表明，至少强子是有内部结构的，并先后提出了多种模型来解释基本粒子的组成，其中"夸克模型"是比较成功的。夸克模型认为强子是由夸克（我国也叫层子）组成的。目前这个模型设有六类夸克及同样数目的反夸克。夸克的特点是它具有分数电荷，它带的电荷数是 $\pm 1/3$ 或 $\pm 2/3$。重子都由三个夸克组成，反重子由三个反夸克组成；介子由一个夸克和一个反夸克组成。许多实验结果都与夸克模型符合。例如1974年美籍中国物理学家丁肇中带领的实验小组和美国物理学家希特带领的实验小组，各自独立地发现了一种称为 J/φ 的粒子，就被成功地解释为是由一种夸克和反夸克组成的。如果夸克模型正确的话，那么整个宇宙就由两类"建筑材料"构成：夸克和轻子。但是至今尚未探测到自由夸克的存在。据科学家们分析，这有两种可能：一是从有些高能碰撞实验发现，夸克间结合力的势能随它们之间距离的增大而趋向无穷大。因此，一旦它们的间距增大，因势能剧增它们反而结合得更紧密，所以认为夸克将永远囚禁在强子之中，不能成为自由夸克。另一可能是现有的加速器虽然能量已很高，但还不足以产生出自由夸克。目前寻找自由夸克的工作还在努力进行着。自由夸克虽未被捕捉到，但已有人提出：夸克有没有结构？并开始从理论上探讨比夸克更深一层的粒子。科学的火炬就这样一代代接力下去，推动着人类的认识不断向前发展。每一个科学进程都是一个故事，科学是一本永远写不完的书。

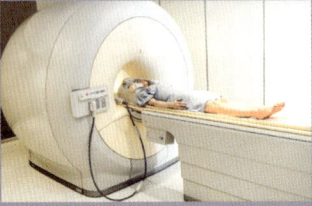
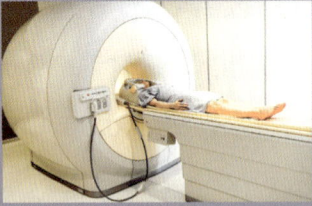
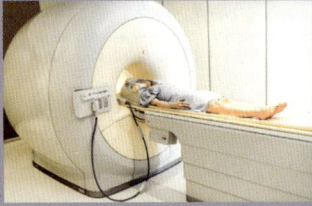
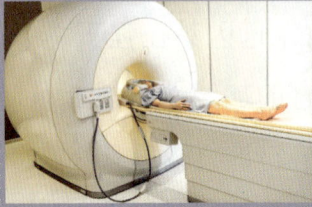
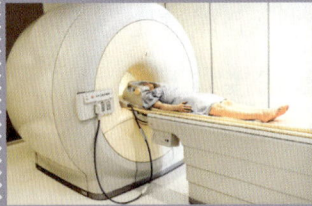
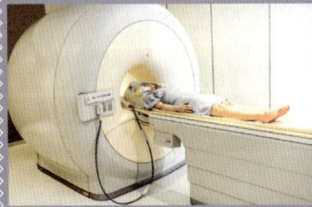

六、结束语

从放射性的发现算起，核科学的发展已有一个世纪了。在这一个世纪中，人们对物质世界的认识产生了质的飞跃，呈现在面前的万物不再是混沌一片了。原来它们都是由有限的一百多种元素的原子排列组合而成；而原子又是由位于其中心的更小的原子核和绕核旋转的电子组成；可是原子核也不是最小的颗粒，它可以分割为中子和质子。实验证实，中子、质子还不是最小的粒子，现代粒子物理学已在探讨中子、质子这类基本粒子的结构了。

随着核研究的进展，许多相关学科、理论和边缘科学也应运而生，同位素科学、核化学、中子物理、带电粒子物理、等离子体物理、基本粒子物理、加速器物理、反应堆物理、核电子学和探测器等都分别崛起成为独立的分支学科了。描述微观物质运动的量子力学和各种核结构模型在解释各种核现象和核性质上取得了巨大的成功。

核能应用在核电站、核潜艇、航天技术等方面都取得了辉煌的成果。放射性同位素、核技术在工业、农业、医疗、考古等领域的应用给人类带来了巨大的利益。

所有这一切都是一个世纪以来核科学取得的惊人成就。

但是我们对原子核的认识尚处在肤浅的阶段，核科学更精彩的场面还在后面。或许好奇是人类的天性，人们总想深入到从未有人到过的地方，总想了解无人知道的事物，人类正是在这样的追索中不断认识世界、增强自身的力量。人们对原子核的研究还要继续下去，因为还有许多未知数等待求解。

就核本身而言，那个极小空间里的核子们的运动状态还远未能把握，许多核现象还是个谜，描述核性质、核运动的完整的理论体系还没有建立起来。

到 20 世纪末，人们一共发现了 3000 多种核素，可是理论预言半衰期大于 1 微秒的核素有 8000 种左右，还有大量的核素未被发现和认识。在同位素图上的不稳定"海洋"中蕴藏着哪些令人刮目相看的核素呢？

超重元素的合成正在填充铀后面的一个个空格，但是还未能登上预言中的"超重岛"，尽管只差有限的一步。这个岛上有哪些宝藏呢？是否存在一些比铀、钚之类为人类开辟核能应用更加宝贵的元素呢？理论还预言，除此岛之外，还有几个超重岛，它们位于更远的"海洋"中，当然现在还不知道到那里的办法。

在超重岛的反方向，即在同位素图的西南方，还有一个反物质的世界。如何用人工方法方便而廉价地制取反物质又是一个疑问。反物质的获得又会给我们带来什么呢？

此外，人类寻找组成物质的"基元"的工作还会继续下去。

从应用角度考虑，核研究带来了核能，但核能的潜力还远未发挥出来。裂变能作为能源要应用到更多的领域，其技术就需要达到更高的水平。聚变能现正在开发中，许多科学、技术与工程上的问题都有待解决。聚变能未来的应用更是不可限量。伴随核科学发展的核技术虽已应用到广泛的方面，但许多技术还不够成熟，许多机理也没有弄清楚，许多领域还没有涉及，因此人们需要在广度和深度两方面发挥核技术的特长和优势，使之更多地造福于人类。

在核研究中常伴有物质的极限状态，如热核反应就是在超高温、超高密和超高压的条件下进行的。超高真空、超强磁场、超低温等极限状态也是许多核研究、核技术应用的必备条件。在这些极限状态下，物质往往会出现许多不同于通常状态的行为和性质，这些新现象、新事物的研究也一定会扩大人们的视野。

我们相信，在新的世纪中，核的本质会被进一步揭示；新的核物质、核现象会使人们耳目一新；核能、核动力、核技术会以更强大的姿态，更多、更完美的形式投入应用；新的、更深层次的核科学之谜又会出现在人们面前。

未来核科学的使命是重大的，也是不会完结的。世界无限，人的认识无穷。未来的科学家们，勇敢地去迎接新的挑战吧！